优雅的古典蕾丝精选集

精美的网眼花样和方眼花样蕾丝

日本宝库社　编著
蒋幼幼　译

河南科学技术出版社
·郑州·

目　录

方眼花样蕾丝

※本书作品全部使用奥林巴斯金票40号蕾丝线钩织

网眼花样蕾丝

锁针是网眼花样的基础，也是钩针蕾丝最基础的针法之一。将锁针网眼花样像纤细的渔网一样有规律地排列，再大胆留出空间作为设计重点，加入华丽的蕾丝花样即可。呈放射状展开的网眼花样虽然很有规律，容易钩织，但是针目不够稳定。钩织时必须始终保持一定的松紧度，再仔细做好定型处理。

1

尺寸 ※ 34cm × 68cm
钩织方法 ※ p.43

在这款设计中，圆润饱满的花朵可爱极了。可以用作装饰台布，自然随意地铺在客厅的长桌或斗柜上。

2

尺寸 ※ 36cm × 41cm

钩织方法 ※ p.46

选取作品1中心的六边形花样，再加上边缘花样就钩织出了这款作品。长长的锁针链放大了边缘的镂空感，注意每针要钩织得紧密一些。

3

尺寸 ※ 直径72cm
钩织方法 ※ p.51

这款台布大胆的镂空设计十分独特。加出的5卷长针要钩织得紧一点，小心地引拔，依次穿过所有线圈。

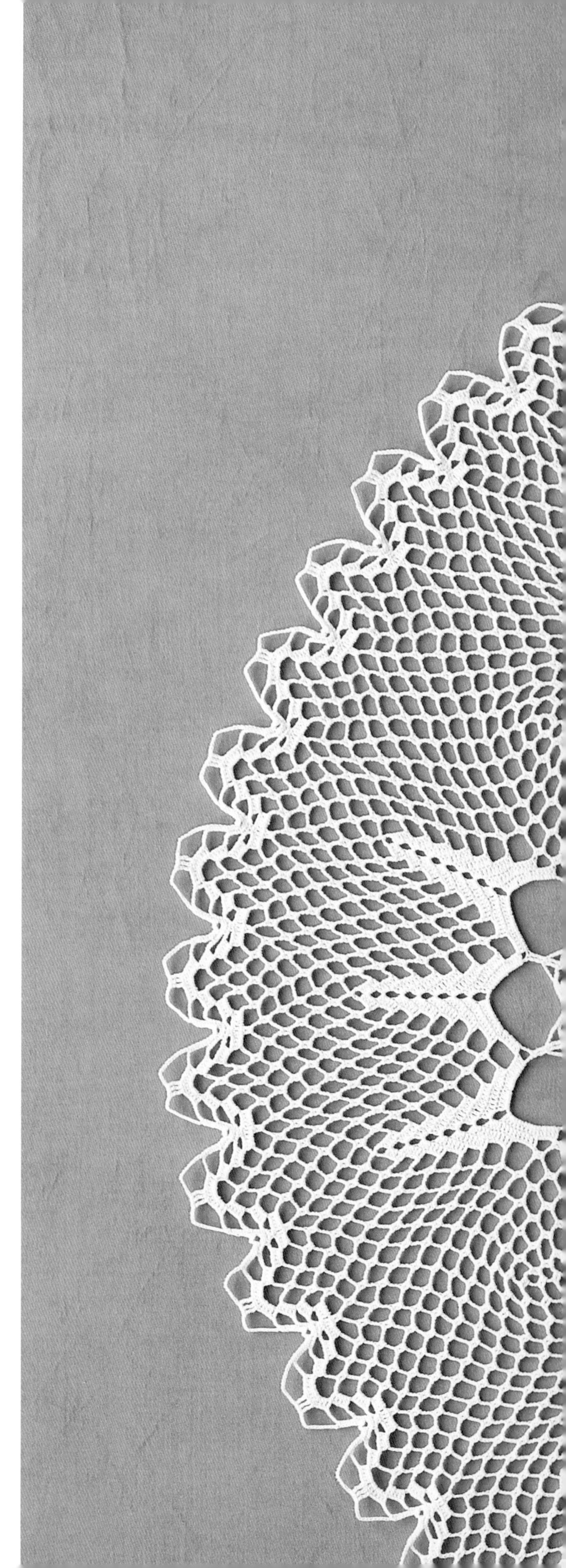

4

尺寸 ※ 直径65cm
钩织方法 ※ p.54

边缘的菱形花样令人玩味。在钩织锁针与锁针之间的长针时，将线拉紧一些，“根部”拉长一点，成品效果会更好。

5

尺寸 ※ 直径108cm
钩织方法 ※ p.48

大小网眼疏密相间，完美融合。网眼花样中间钩织的狗牙针更是令人心动。

6

尺寸 ※ 直径57cm

钩织方法 ※ p.56

中心是8片花瓣的花朵，长针的挑针方法是关键。纵向针目要钩织得均匀整齐。

7

尺寸 ※ 直径33cm
钩织方法 ※ p.58

按作品6的符号图钩织至第26行，第27行加入3针锁针的狗牙拉针钩织1行，就改编成了一款更为小巧的蕾丝垫。

8

尺寸 ※ 直径90cm
钩织方法 ※ p.59

大胆的图案组合出极富个性的蕾丝花样。
一边在脑海中勾勒花样的形状一边钩织，
完成的作品会更加精美。

9

尺寸 ※ 直径52cm
钩织方法 ※ p.62

这款设计仿佛水面荡漾的波纹。网眼上的短针要将根部钩织得短一点，条纹部分的短针则要将根部钩织得稍微长一点。

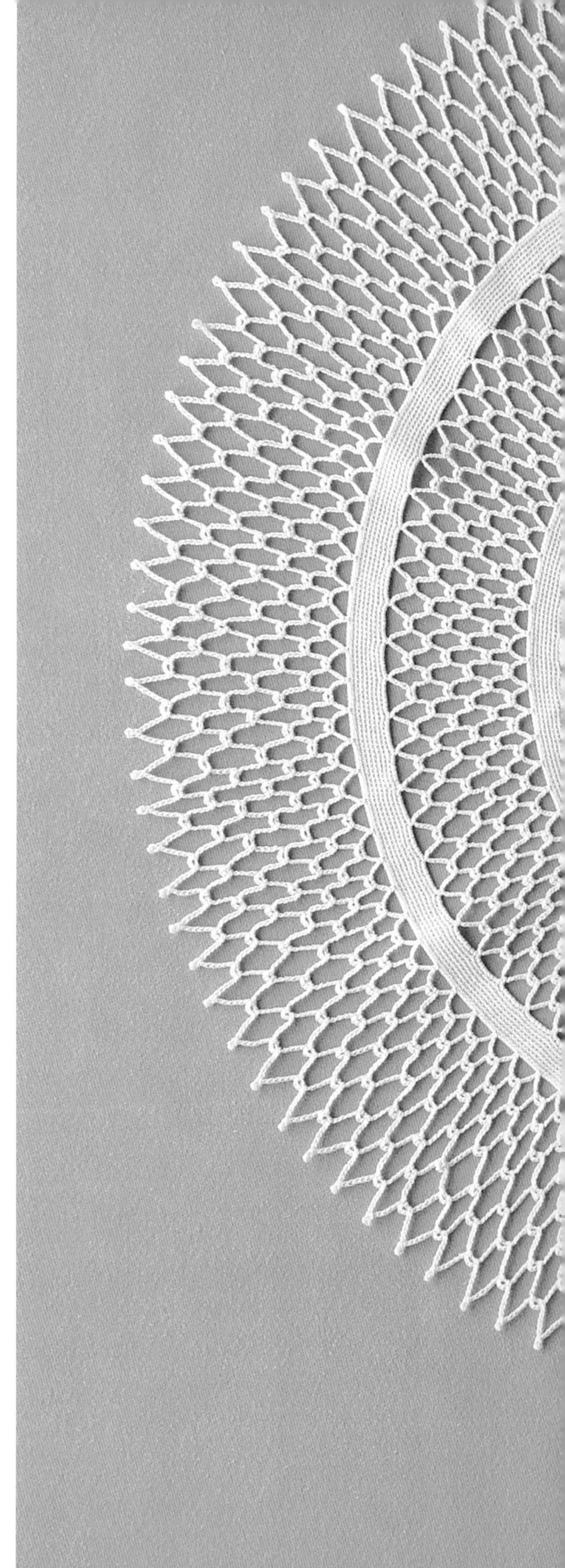

10

尺寸 ※ 直径87cm

钩织方法 ※ p.64

这是一款非常柔美的蕾丝作品，花蕾花样楚楚动人。绕线次数比较多的针目要一边用手指按住所绕线圈一边钩织。

11

尺寸 ※ 直径63cm
钩织方法 ※ p.67

蜿蜒流动的曲线花样尽显异国情调。
外圈的装饰褶边仿佛纤细的树形花样。

方眼花样蕾丝

用长针和锁针钩织的方格花样井然有序，总是给人一种无以言表的舒适感。无论是独具特色的图案，比如像花砖艺术的马赛克图案，还是玫瑰花、郁金香、动物等具象的图案，都可以简单地融入其中，这也是方眼花样的魅力所在。组合运用方眼和网眼等多种花样，可以打造出镂空感更加丰富有趣的蕾丝作品。

12

尺寸 ※ 28cm × 41cm
钩织方法 ※ p.70

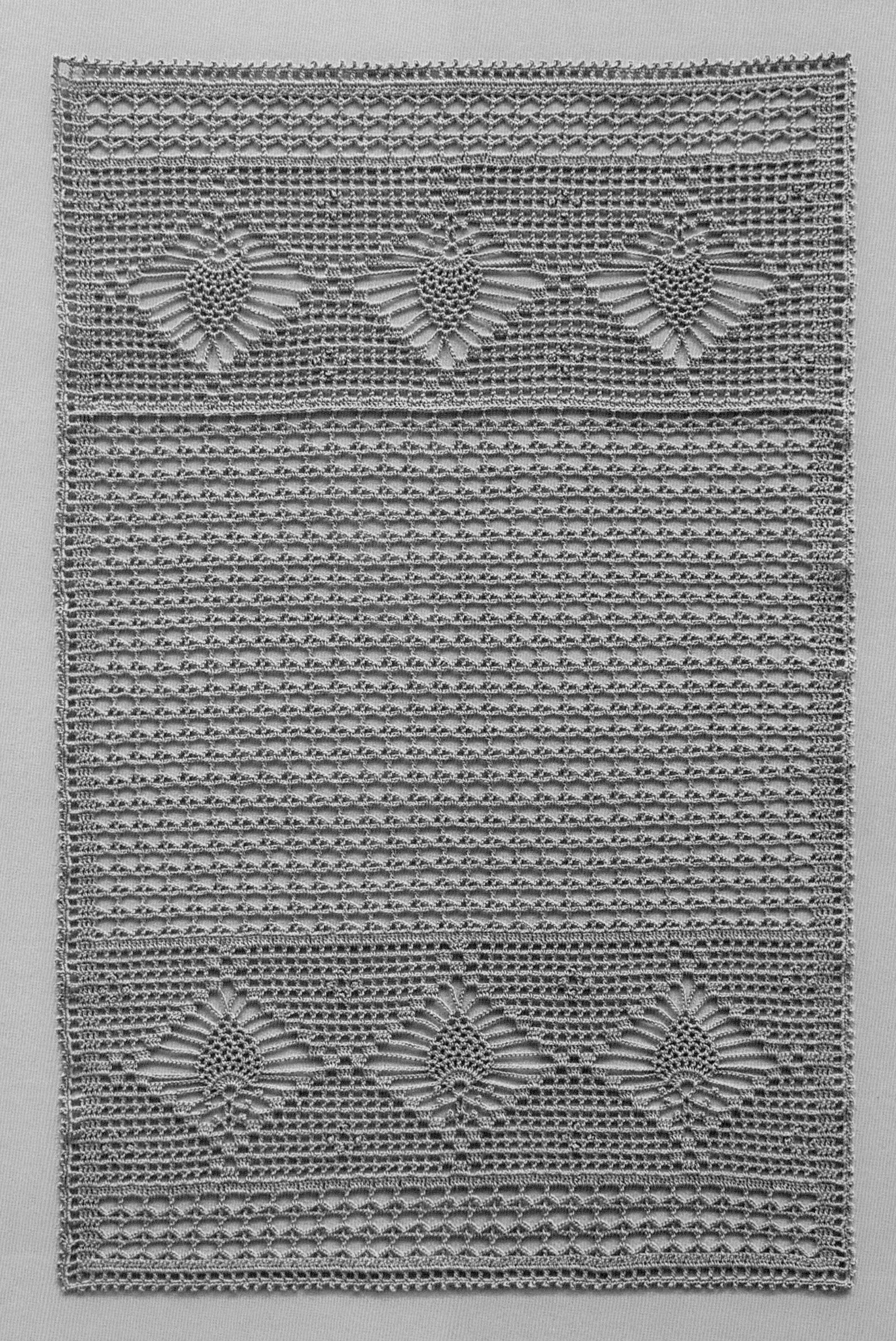

这是一款在方眼花样中加入菠萝花样的蕾丝作品。在针数较多的锁针之后接着钩织长针时，按照“在空隙里挑针”的要领钩织即可。

13

尺寸 ※ 48cm × 29cm
钩织方法 ※ p.72

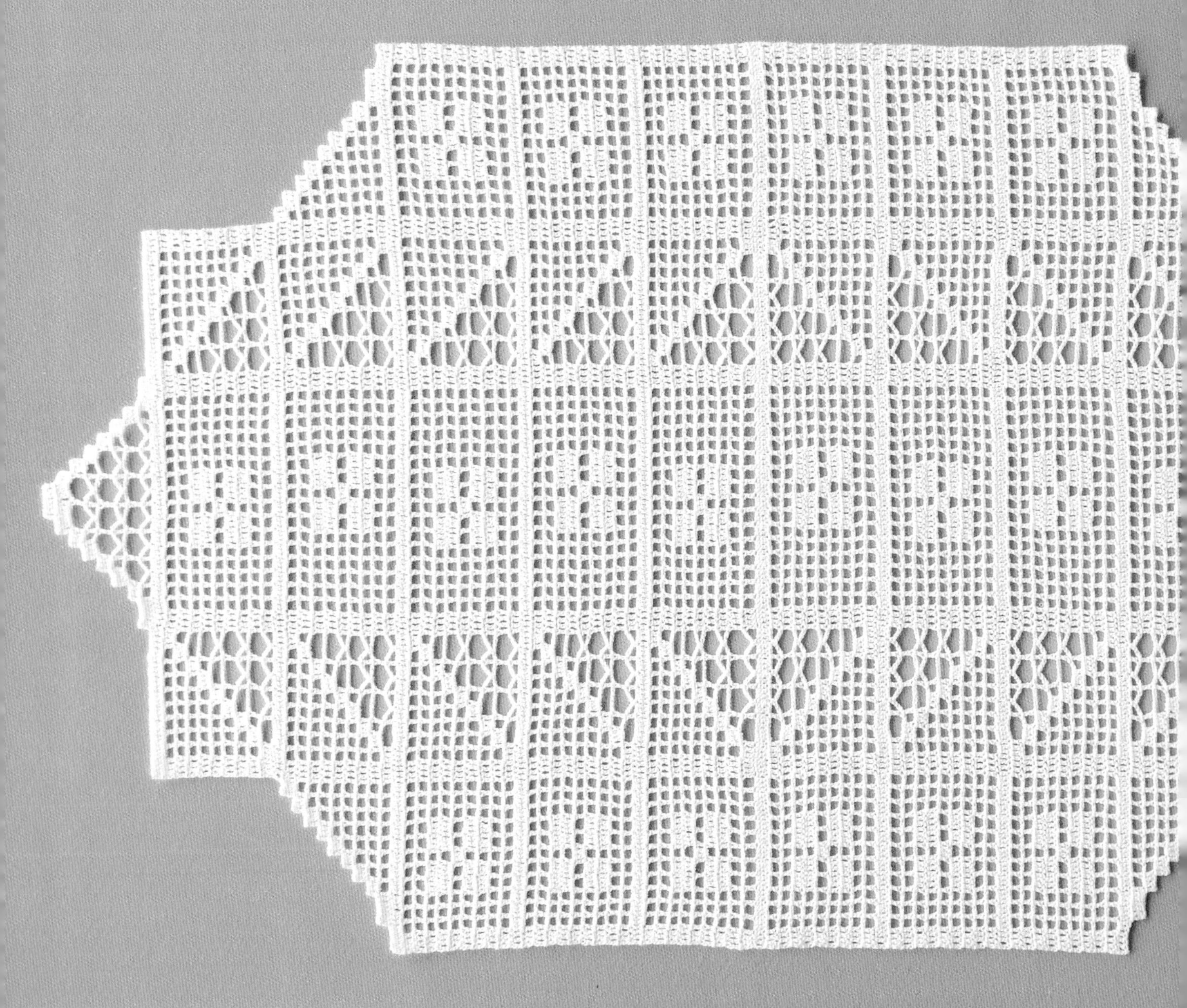

长针的根部要长度一致，减针时的引拔针尽量钩得不要太明显，作品会更加漂亮。

14

尺寸 ※ 26cm × 25cm
钩织方法 ※ p.74

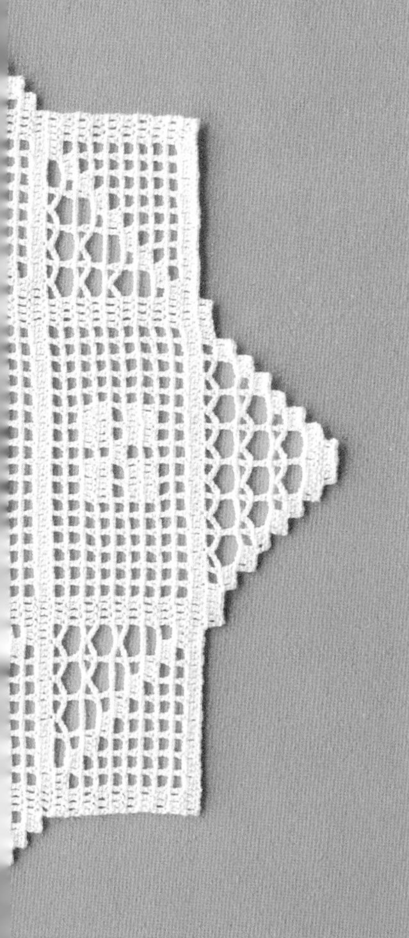

将作品13左右两端的设计组合在一起，就形成了这款像两个重叠的正方形的设计。

15

尺寸 ※ 108cm × 51cm
钩织方法 ※ p.75

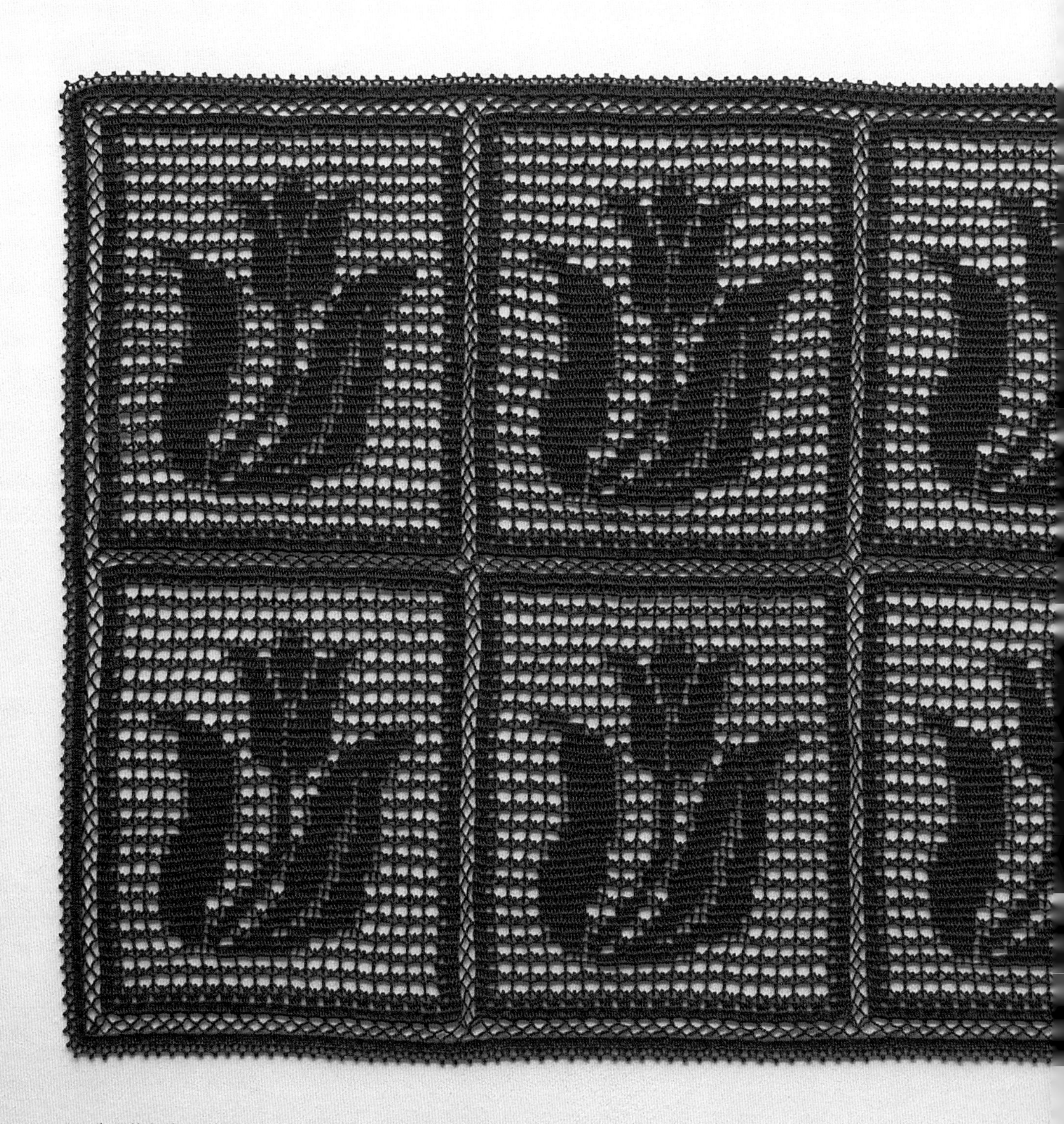

为了使郁金香图案看上去更加舒展，注意长针要钩织得均匀整齐。这款作品是由四边形花片拼接而成的，也可以改编成自己喜欢的大小。

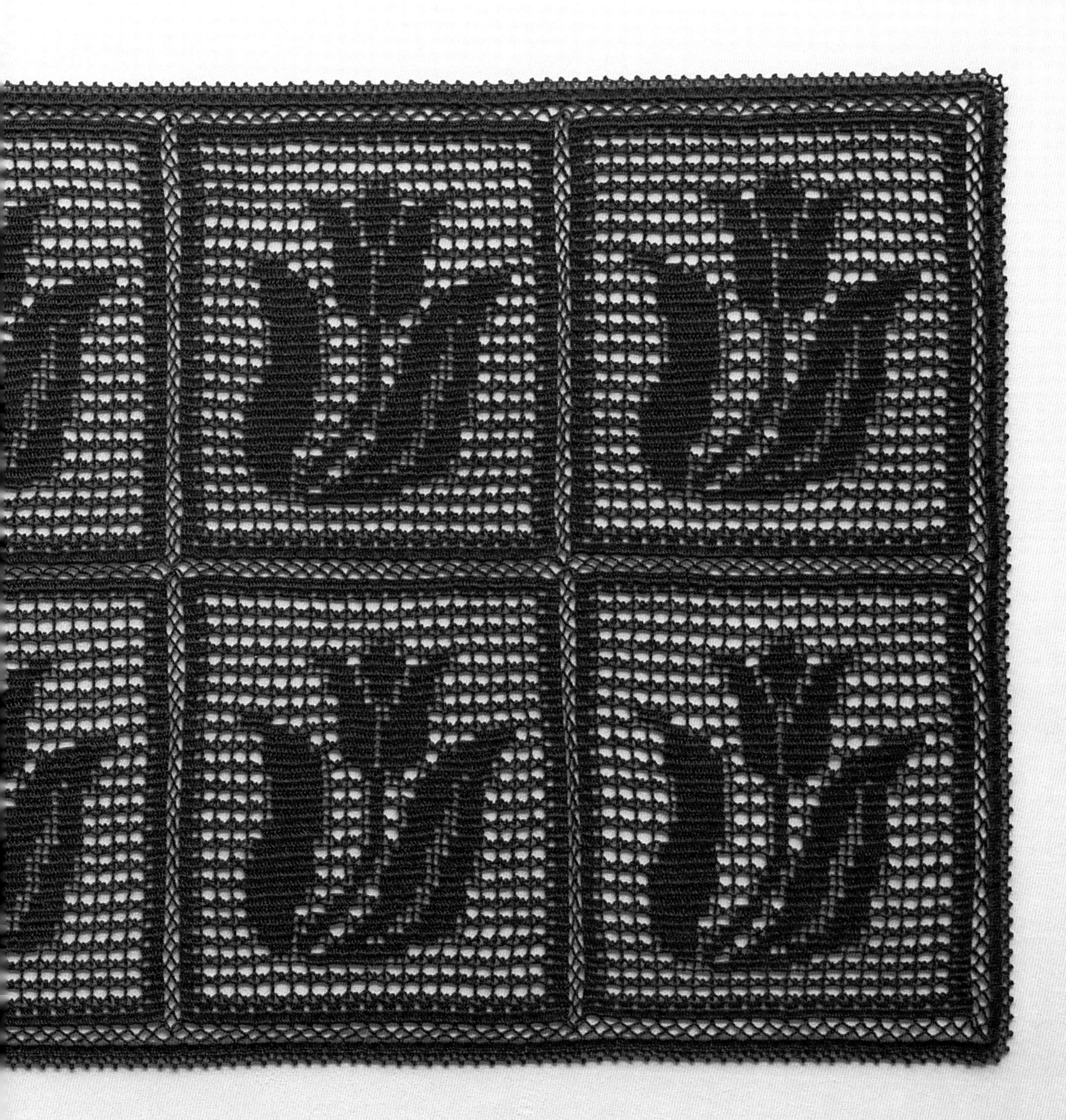

16

尺寸 ※ 直径72cm
钩织方法 ※ p.78

玫瑰花和星形图案的组合相得益彰。方眼花样要钩织成正方形，网眼花样的短针针脚要短小紧致……钩织时要牢记这些蕾丝钩织的基本要领。

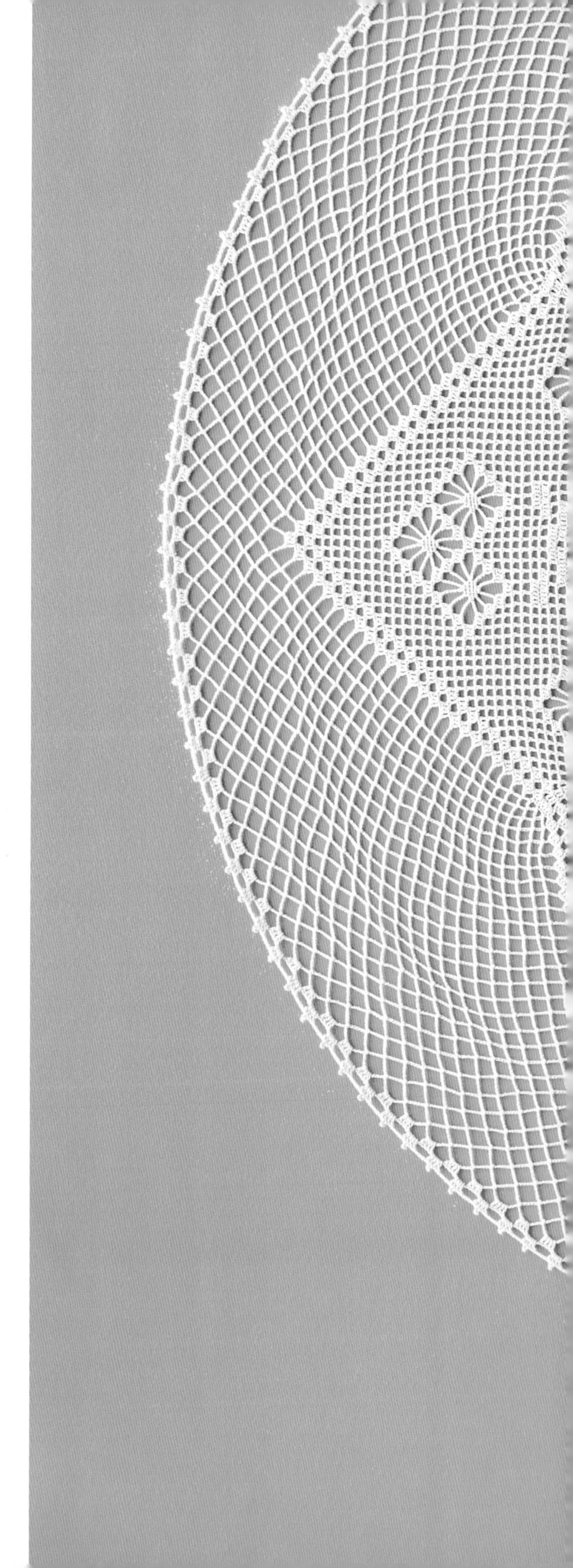

17

尺寸 ※ 110cm × 103cm
钩织方法 ※ p.82

10片植物图案构成了奇妙的组合花样。
长针钩织时一边拉长根部一边收紧头部，
尽量与锁针的高度统一。

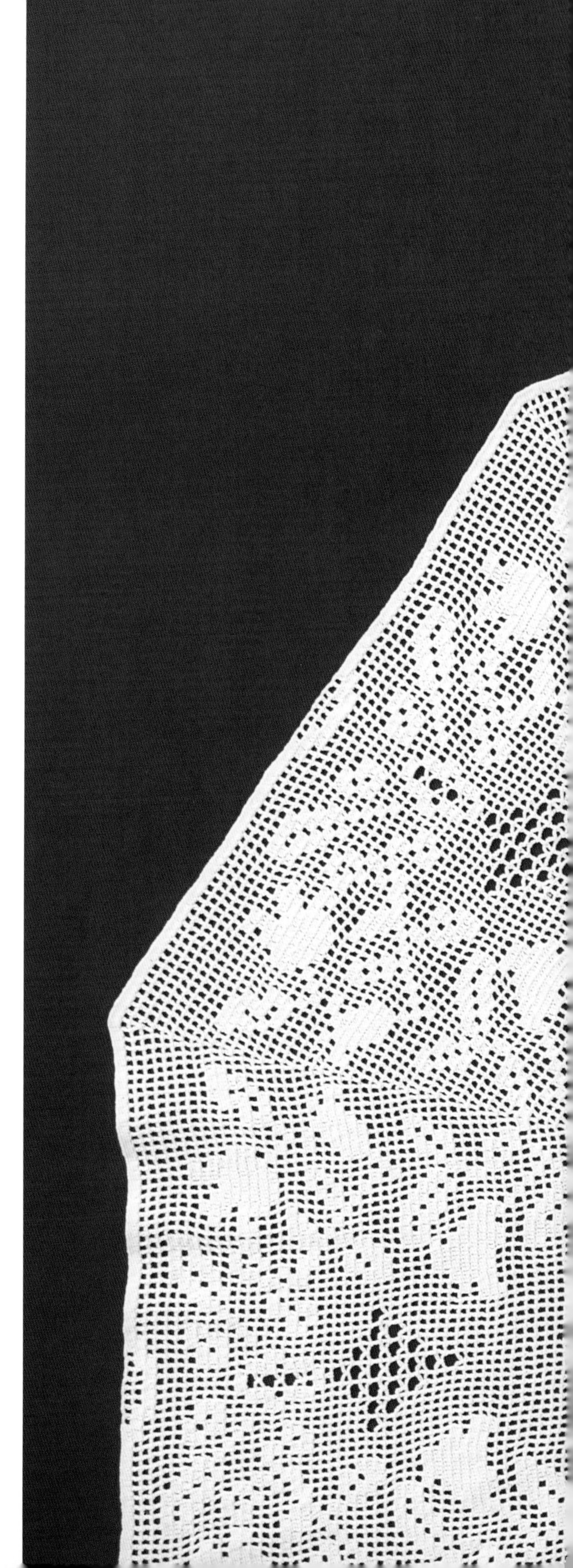

18

尺寸 ※ 80cm × 90cm
钩织方法 ※ p.77

小猫？老虎？这是让编织充满乐趣的动物图案设计。为了防止外圈长度不够，斜向钩织的贝壳针要比方眼部分钩织得长一点。

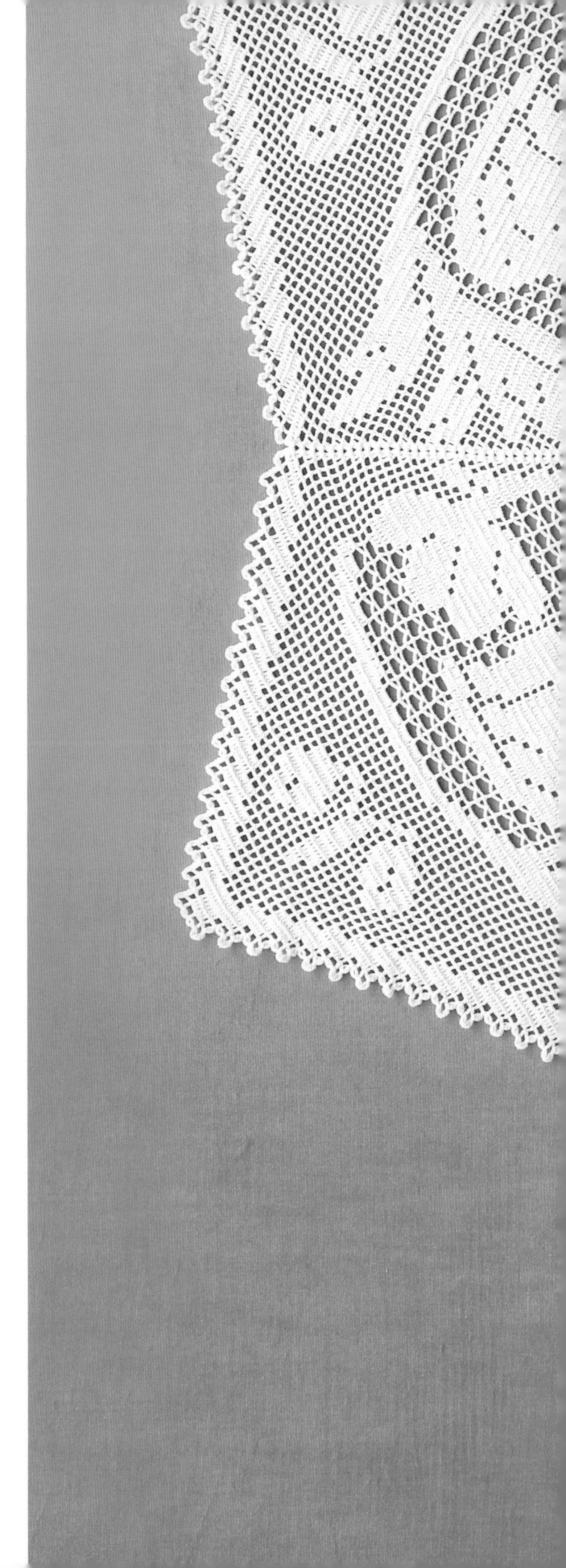

19

尺寸 ※ 73cm×39cm
钩织方法 ※ p.85

这款作品的图案极具东方韵味。立织的锁针和相邻的长针要紧密相连，避免歪斜，才能使边缘更加平直。

20

尺寸 ※ 95cm × 95cm

钩织方法 ※ p.86

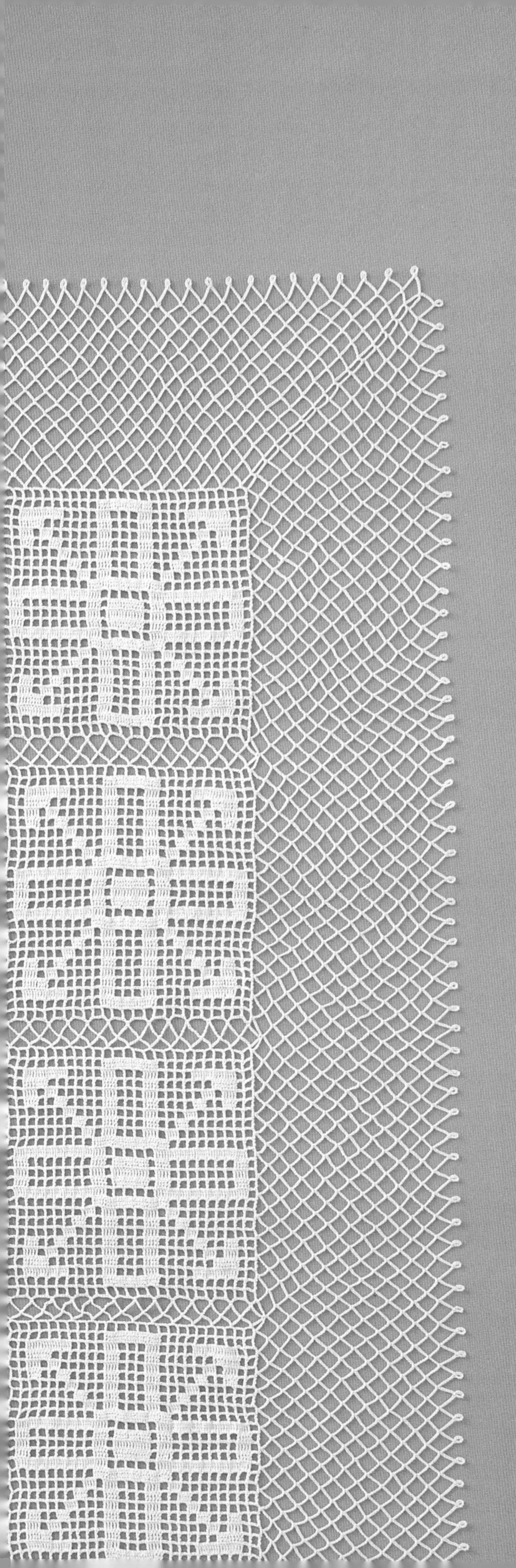

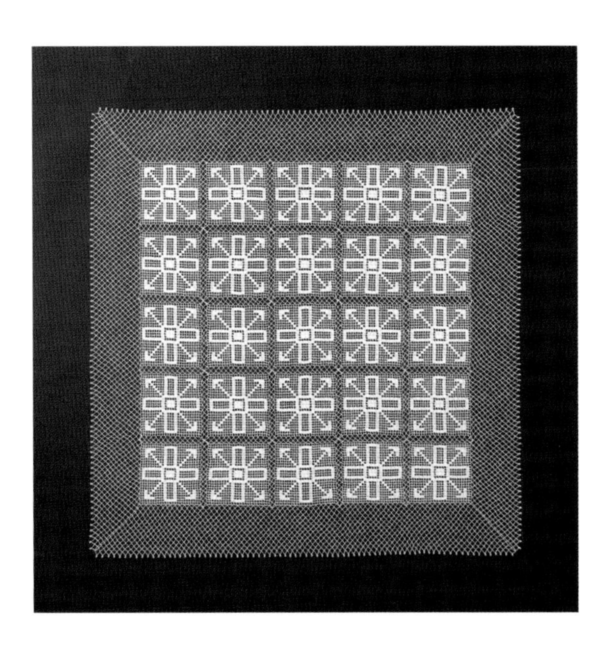

用纤细的网眼将宛如花砖的图案组合在一起。整体设计少了一分甜美，多了一分现代感。定型时多插一些珠针固定，可使作品更加平整。

How to make

钩织方法

本书作品全部使用奥林巴斯金票40号蕾丝线和8号蕾丝针钩织。也可以使用不同粗细、材质、颜色的线，根据自己的喜好进行改编。

让蕾丝作品更精美的钩织方法

网眼花样的情况

要钩织出漂亮的网眼花样首先要求锁针大小均匀，网眼端正整齐，所以，钩织锁针时要拉紧，以免针上的挂线松弛。另外，钩织锁针网眼上的短针时，要将根部钩织得短一点、紧一点，以免短针在网眼上移动。

方眼花样的情况

长针和锁针构成的方眼花样在纵向和横向都很端正整齐的状态下才是最漂亮的。柱状的长针不要像平常一样只在长针头部的2根线里挑针，而是连同长针头部下方里山的1根线一起，在3根线里挑针钩织，这样长针的中心才会保持在一条线上。

[从起针的锁针上挑针钩织时]

在锁针的上侧半针和里山（共2根线）里挑针钩织第1行，针目比较稳定。
※根据织物的具体情况，有时也只在里山1根线上挑针

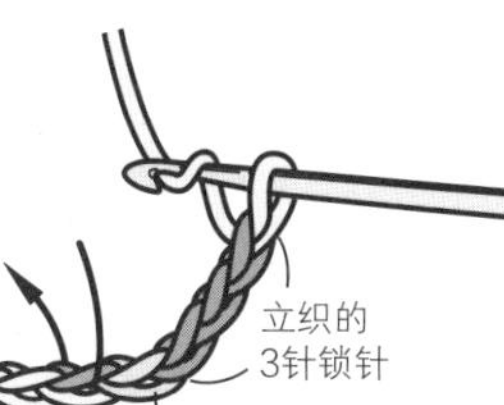

[从长针的中间挑针钩织时]

在前一行长针的头部钩织长针时，一般是在头部的2根线里挑针钩织。但是因为针目的头部稍微偏离中心，钩织出的方眼花样容易歪斜，因此，要在长针的正中间插入钩针，在头部的2根线和里山的1根线（共3根线）里一起挑针钩织长针。

长针的正面（环形钩织时）

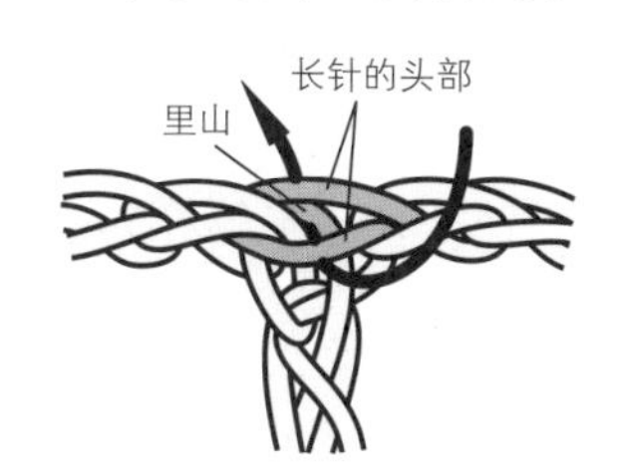

长针的反面（往返钩织时）

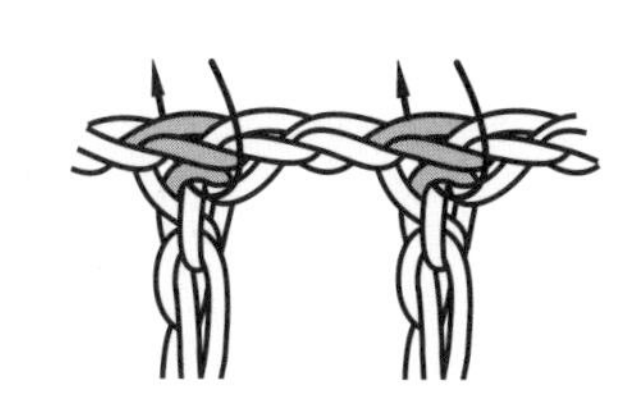

※本书符号图中未注明单位的数字1、2、3……代表针数，①、②、③……代表行数

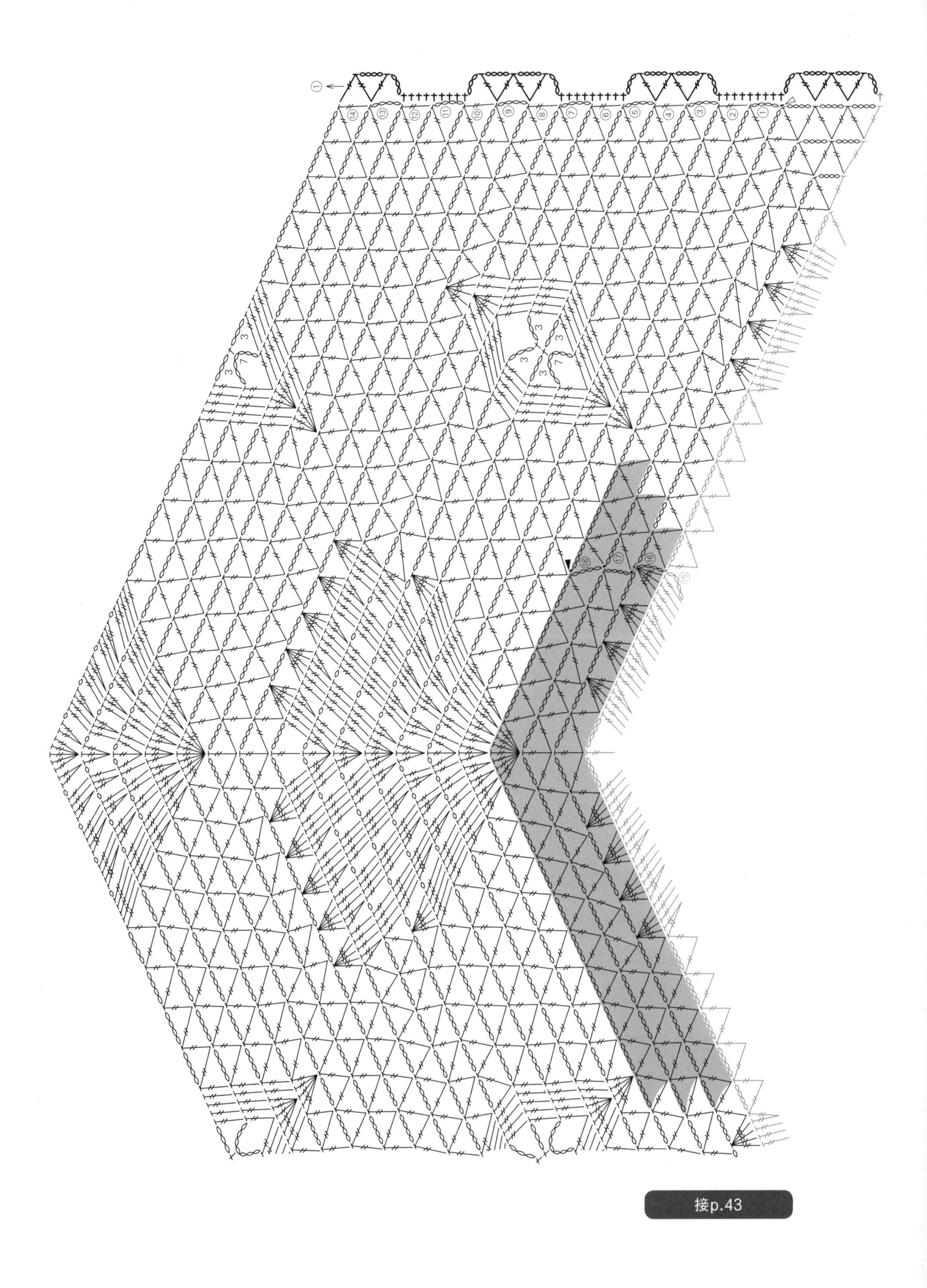

接p.43

1 p.5的作品

【材料和工具】

线…奥林巴斯 金票40号蕾丝线

原白色（852）70g

针…蕾丝针8号

【成品尺寸】

34cm × 68cm

【钩织要点】

环形起针后开始钩织。参照符号图环形钩织18行，接着在指定位置加线往返钩织20行后，再环形钩织9行边缘编织。

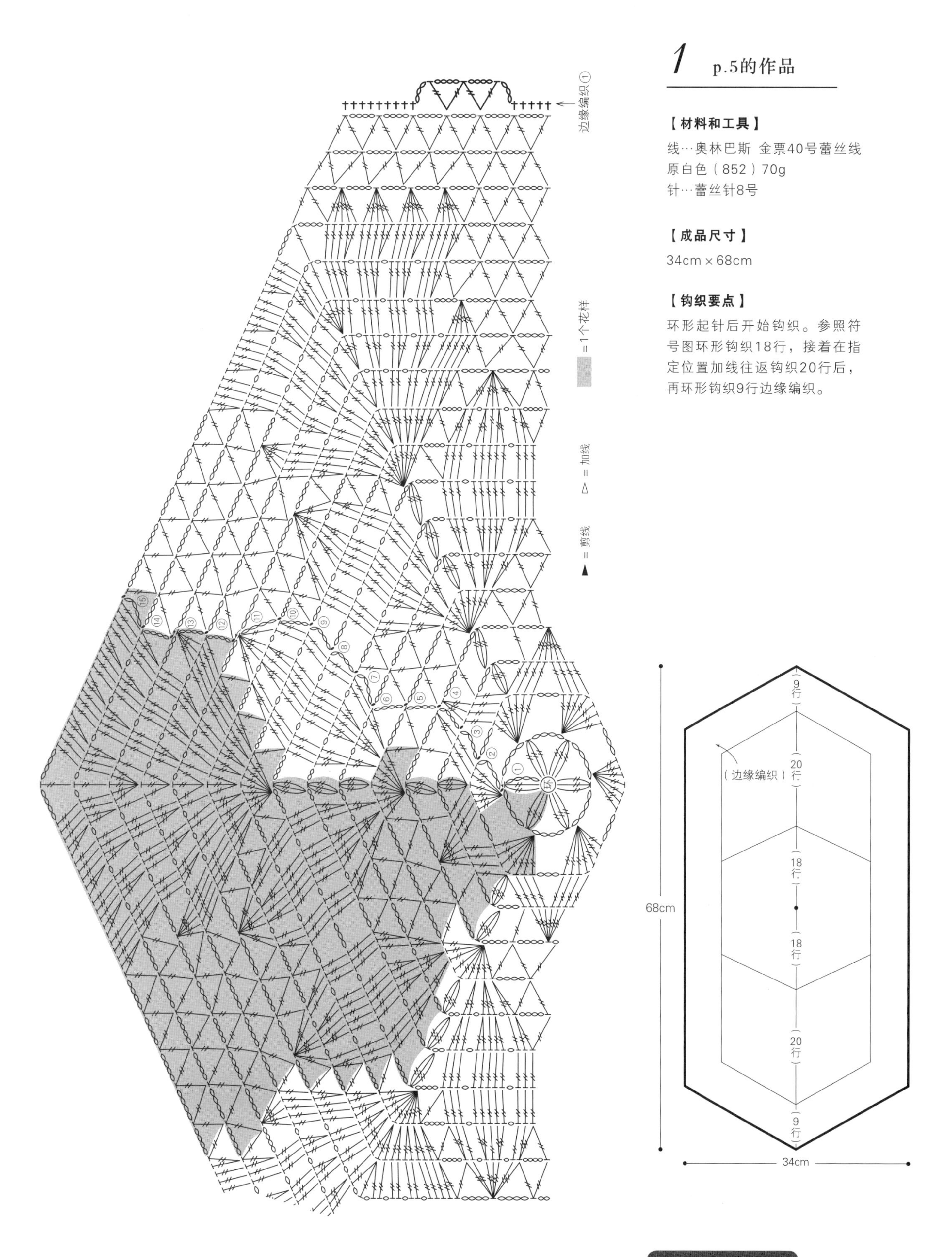

下接p.42

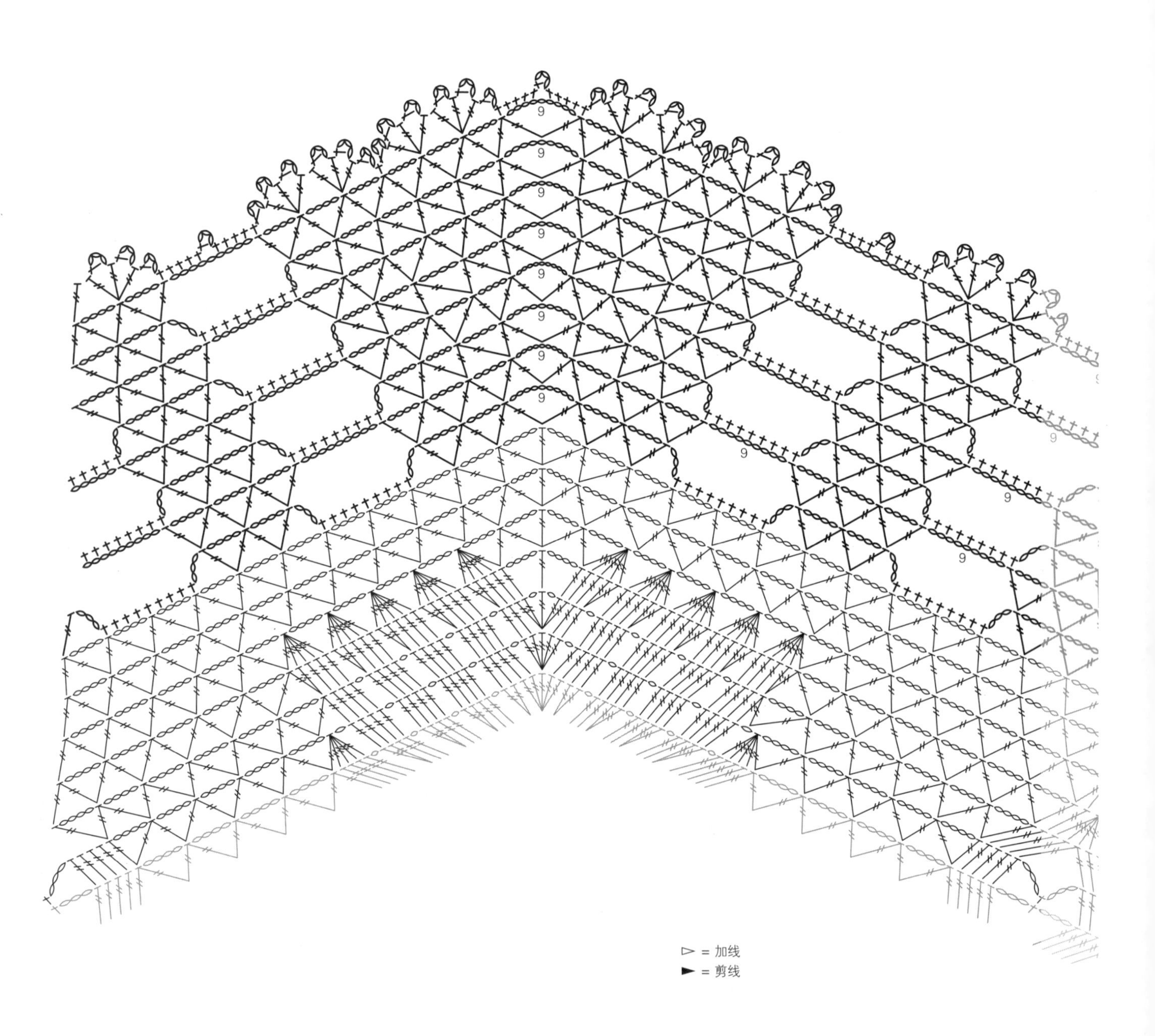
9
9
9
9
9
9
9
9
9
9
9
▷ = 加线
▶ = 剪线

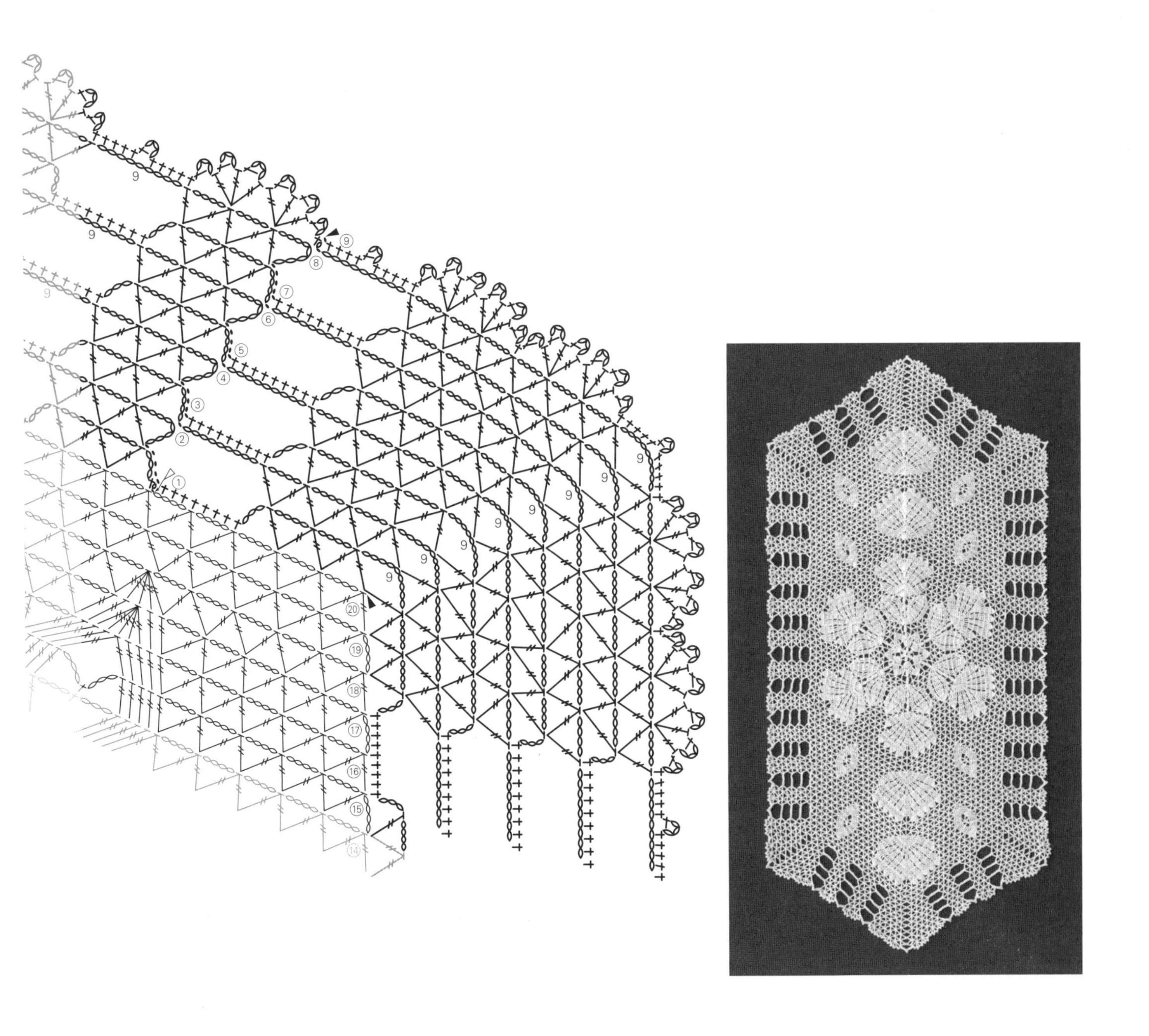

2 p.6的作品

【材料和工具】

线…奥林巴斯 金票40号蕾丝线 灰色（455）35g
针…蕾丝针8号

【成品尺寸】

36cm × 41cm

【钩织要点】

环形起针后开始钩织。参照符号图环形钩织18行，接着环形钩织9行边缘编织。

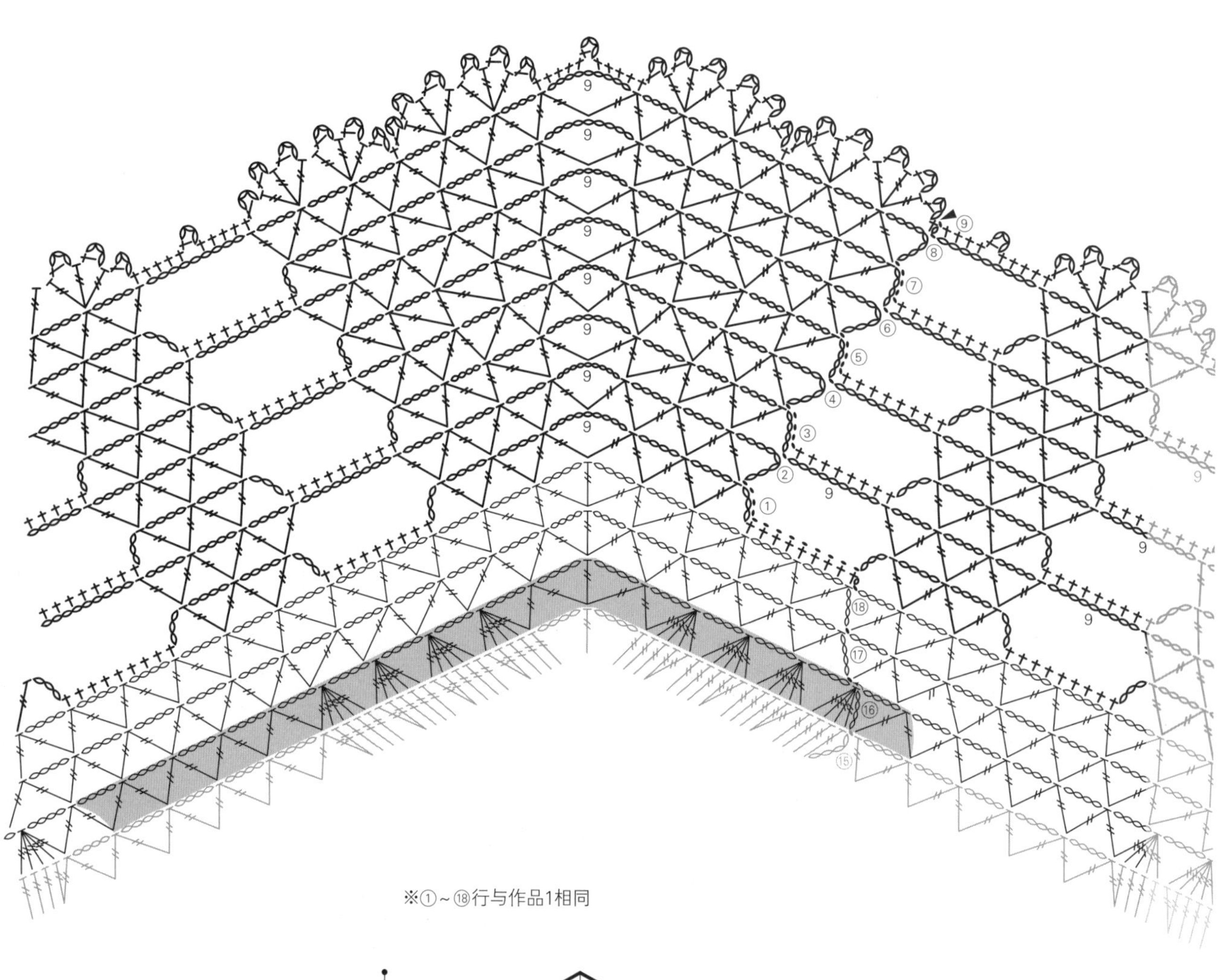

※①～⑱行与作品1相同

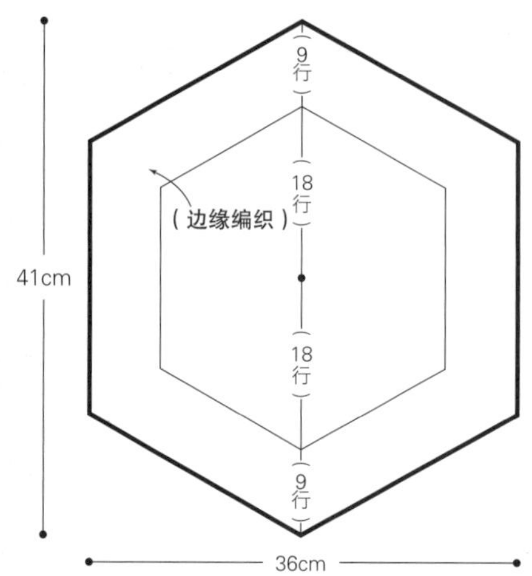

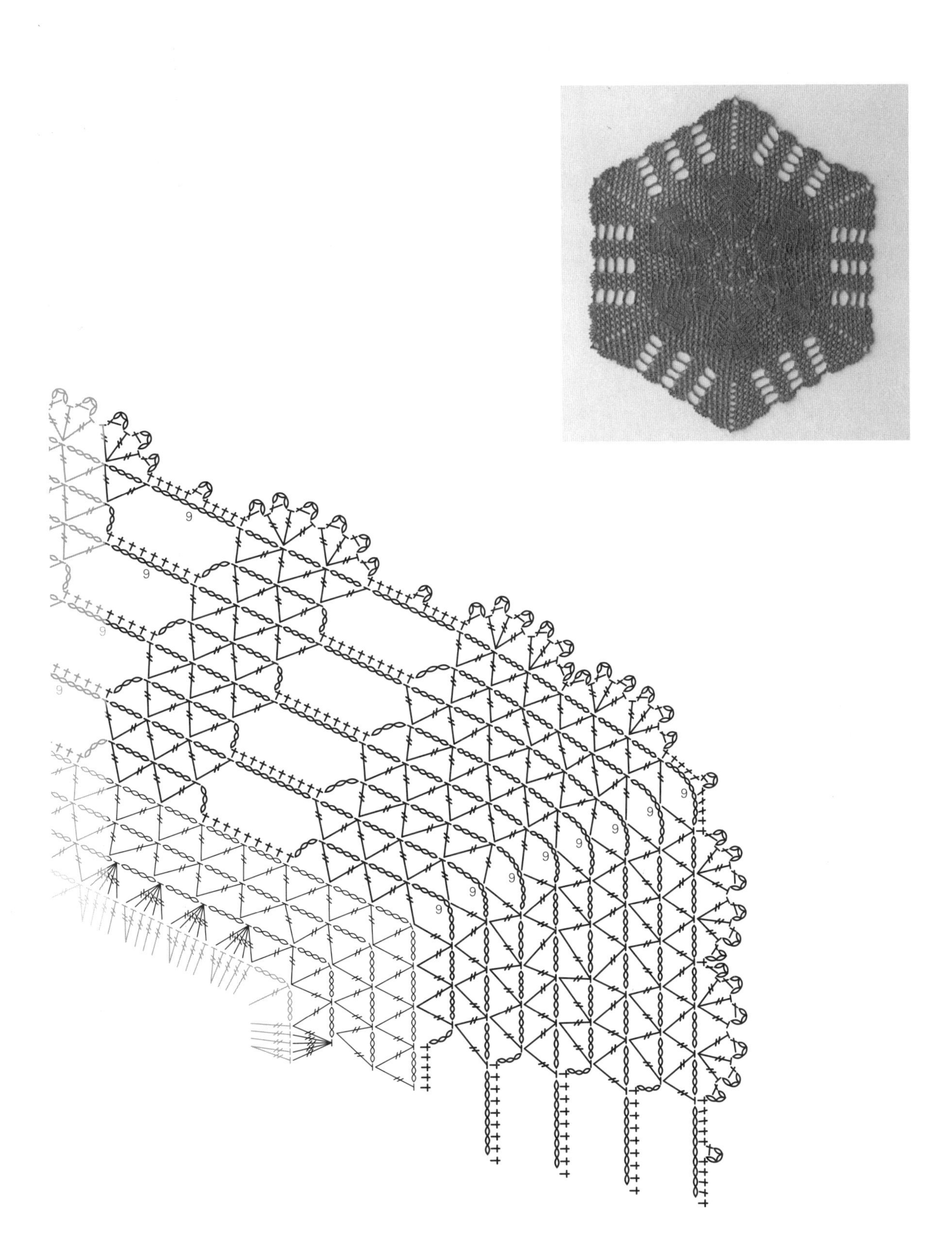

5 p.12的作品

【材料和工具】

线…奥林巴斯 金票40号蕾丝线 白色（801）205g
针…蕾丝针8号

【成品尺寸】

直径108cm

【钩织要点】

钩织12针锁针制作起针环，参照图示钩织第1~64行。

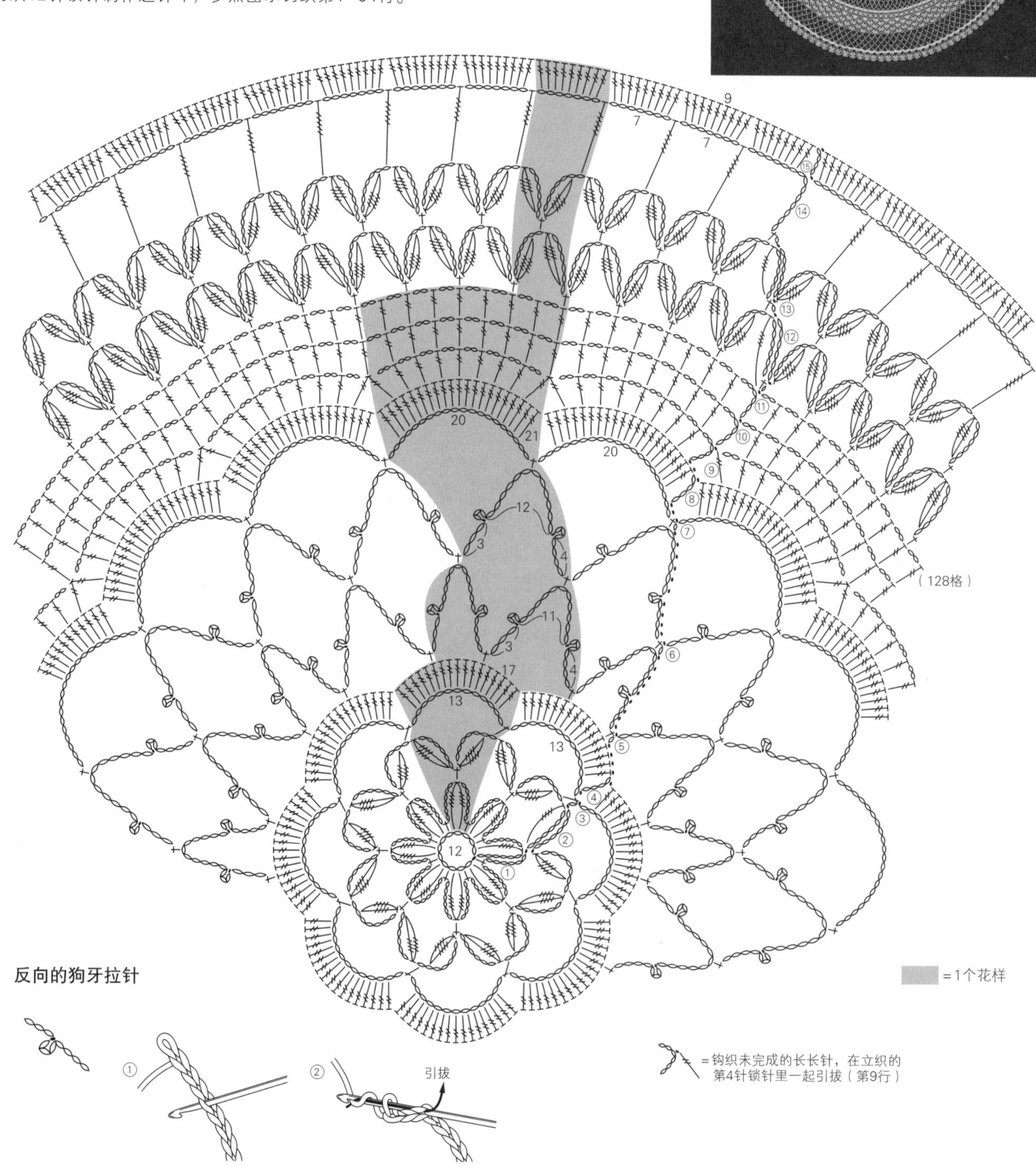

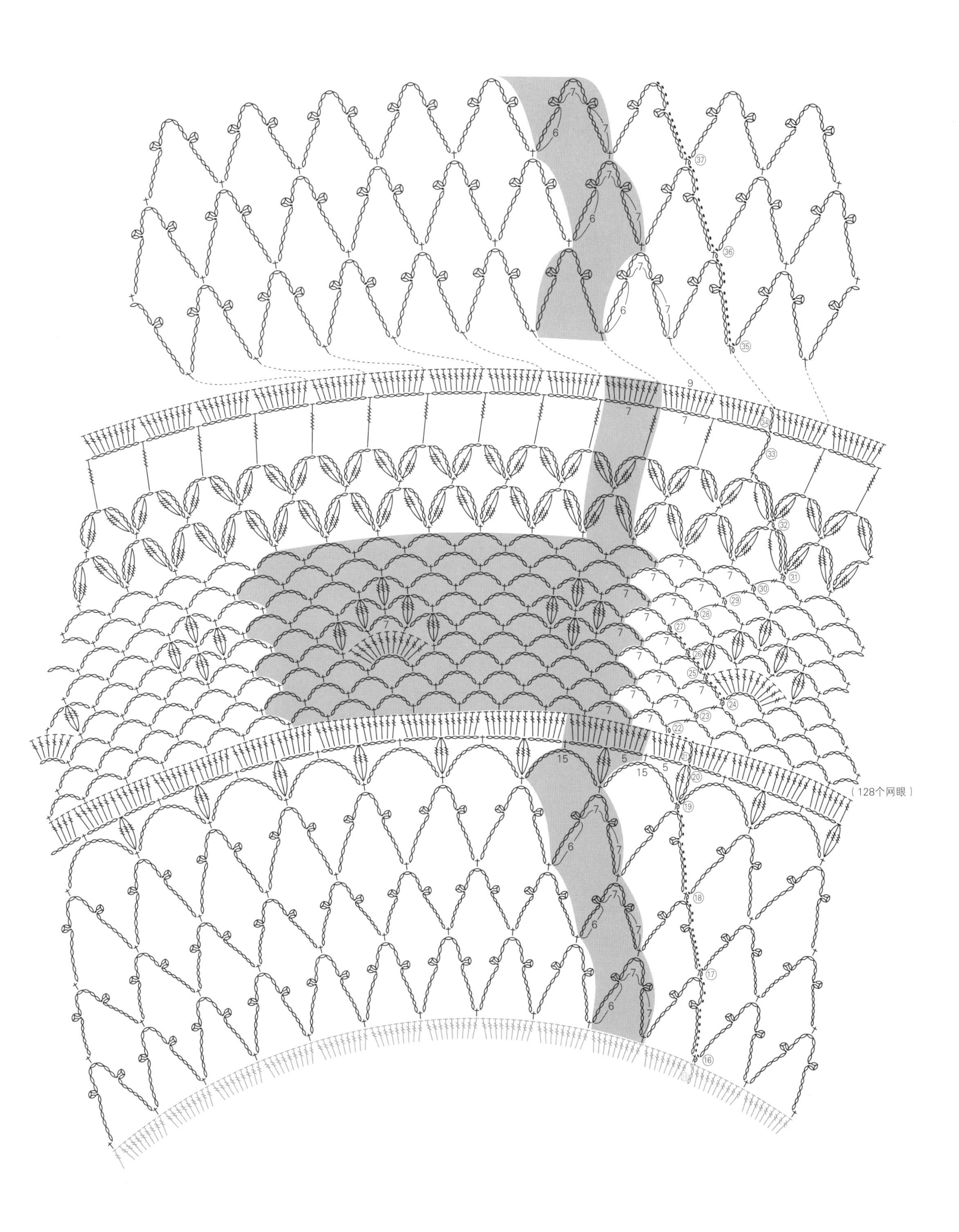

（128个网眼）

► = 剪线

3 p.8的作品

【材料和工具】

线…奥林巴斯 金票40号蕾丝线 白色（801）105g

针…蕾丝针8号

【成品尺寸】

直径72cm

【钩织要点】

环形起针后开始钩织。参照符号图钩织。

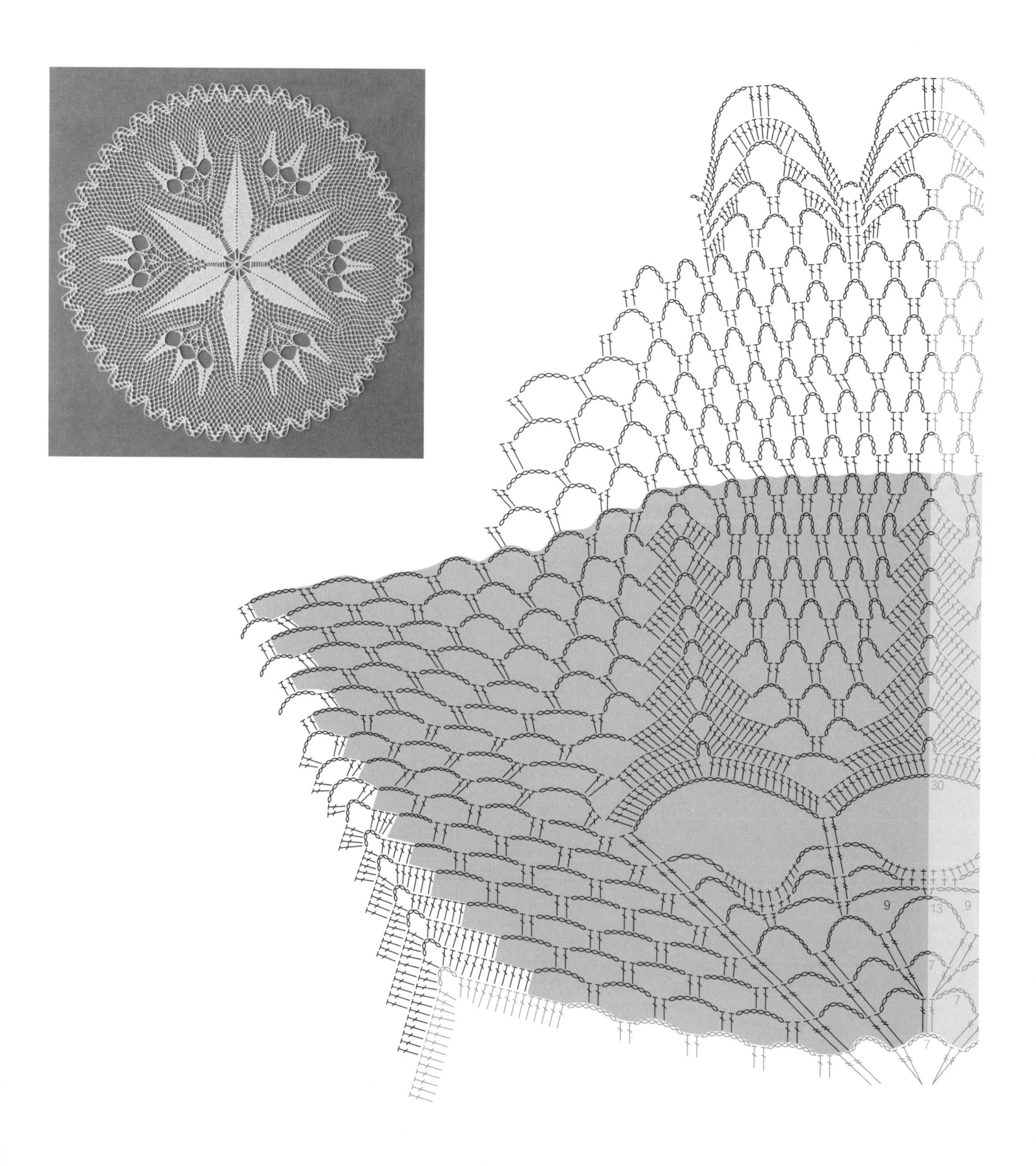

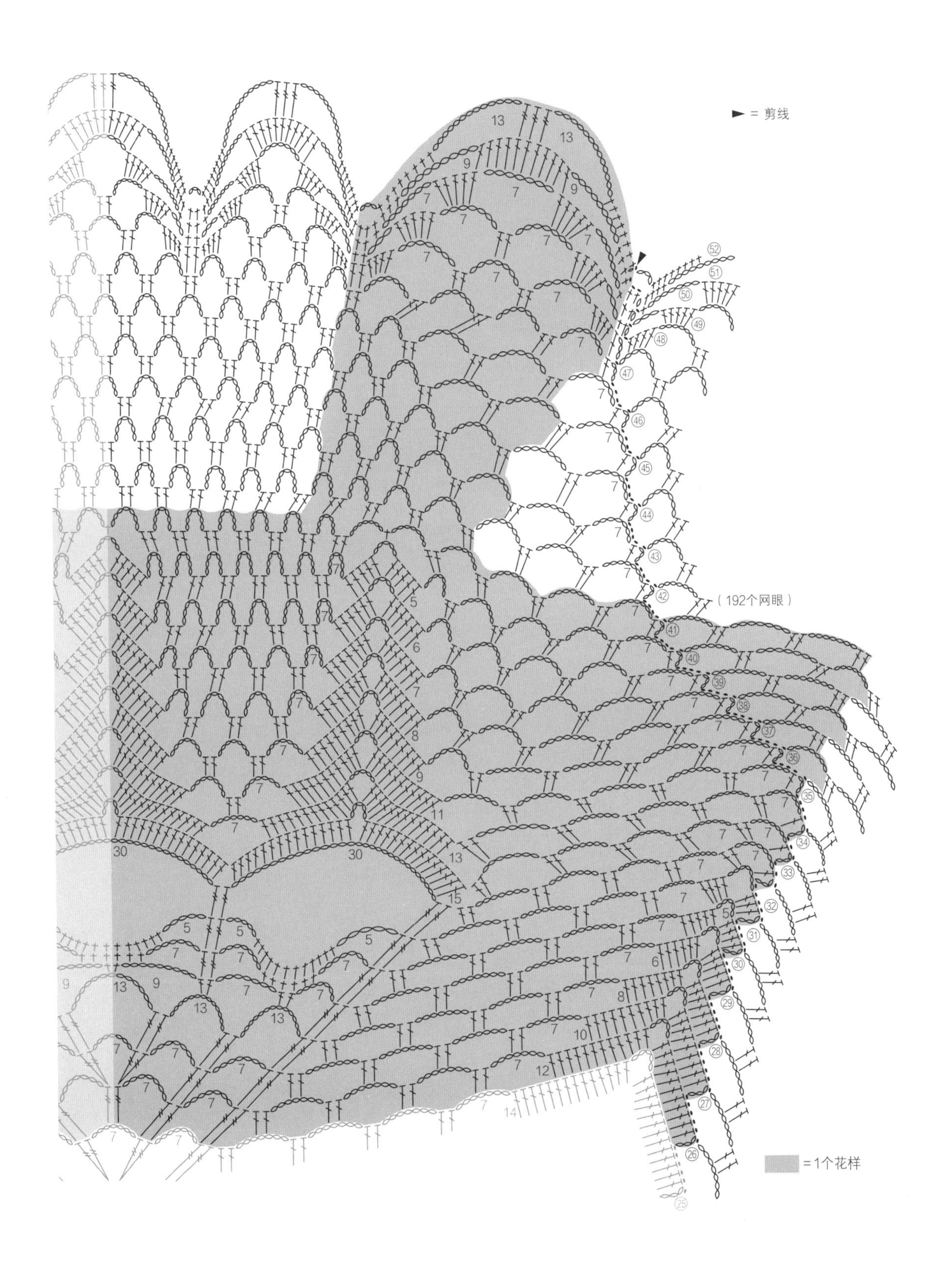
► = 剪线
（192个网眼）
=1个花样

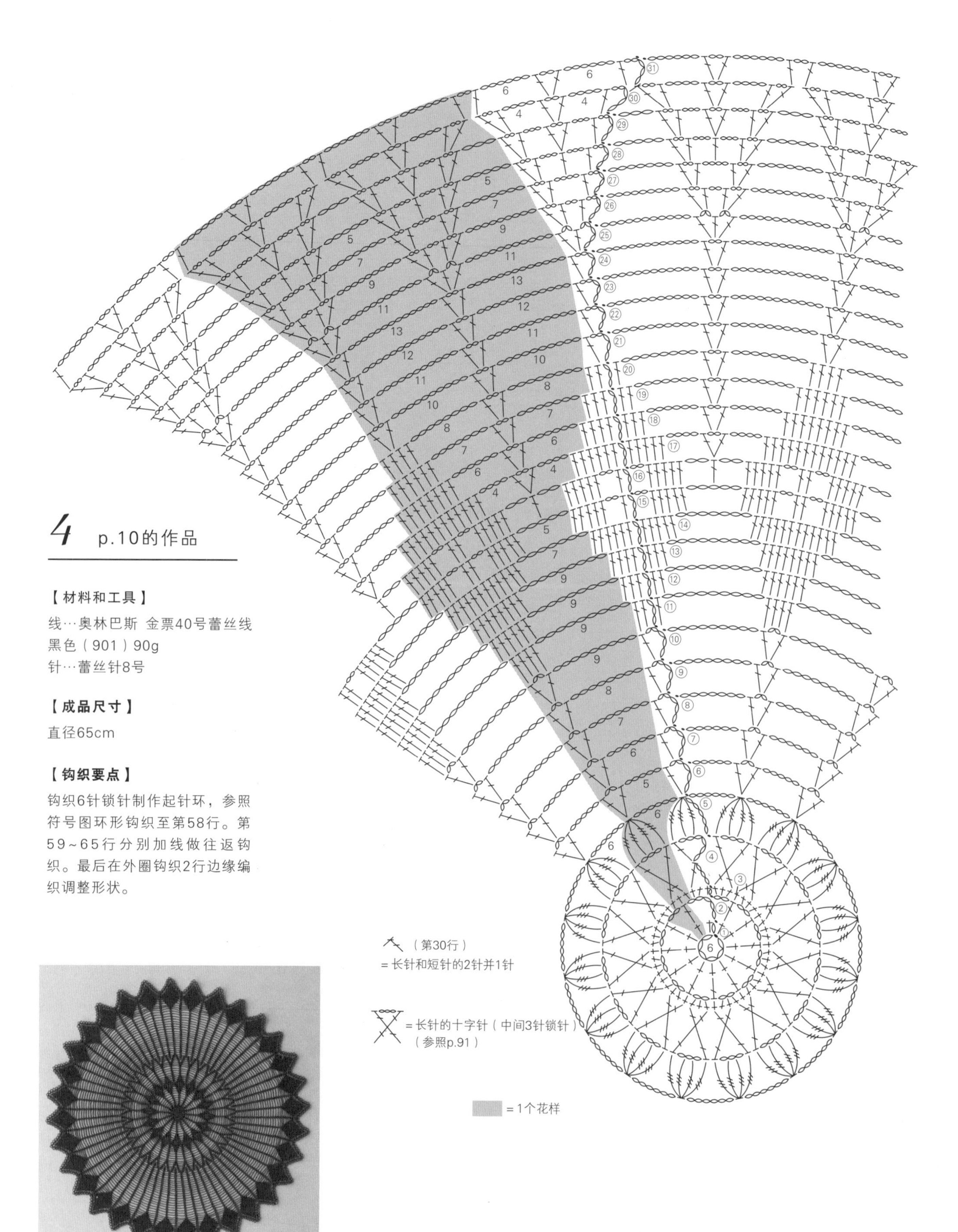

4 p.10的作品

【材料和工具】

线…奥林巴斯 金票40号蕾丝线
黑色(901)90g
针…蕾丝针8号

【成品尺寸】

直径65cm

【钩织要点】

钩织6针锁针制作起针环，参照符号图环形钩织至第58行。第59~65行分别加线做往返钩织。最后在外圈钩织2行边缘编织调整形状。

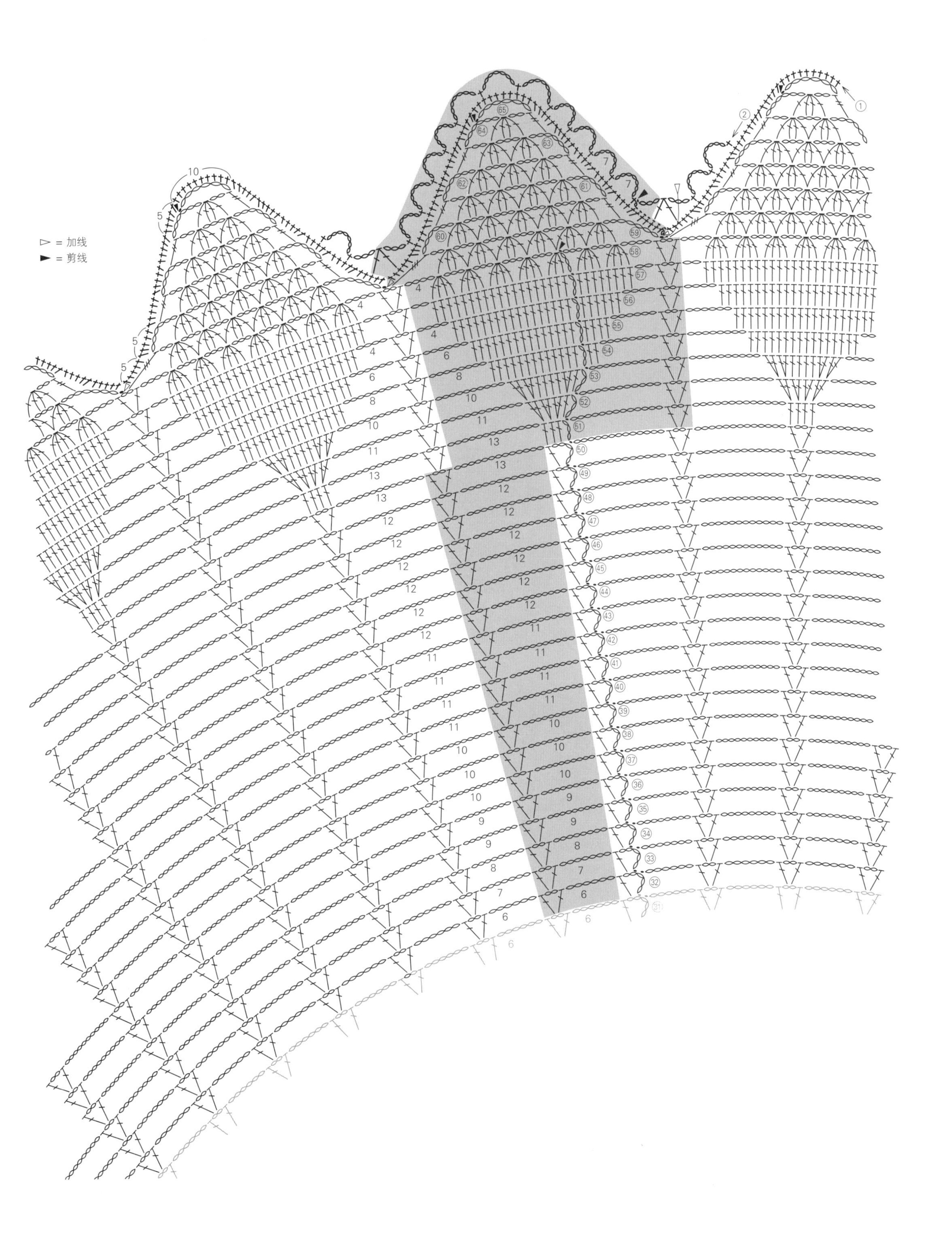
▷ = 加线
▶ = 剪线

6 p.14的作品

【材料和工具】

线…奥林巴斯 金票40号蕾丝线 白色（801）60g
针…蕾丝针8号

【成品尺寸】

直径57cm

【钩织要点】

钩织8针锁针制作起针环，参照符号图钩织。钩织过程中注意松叶针的长针针数。

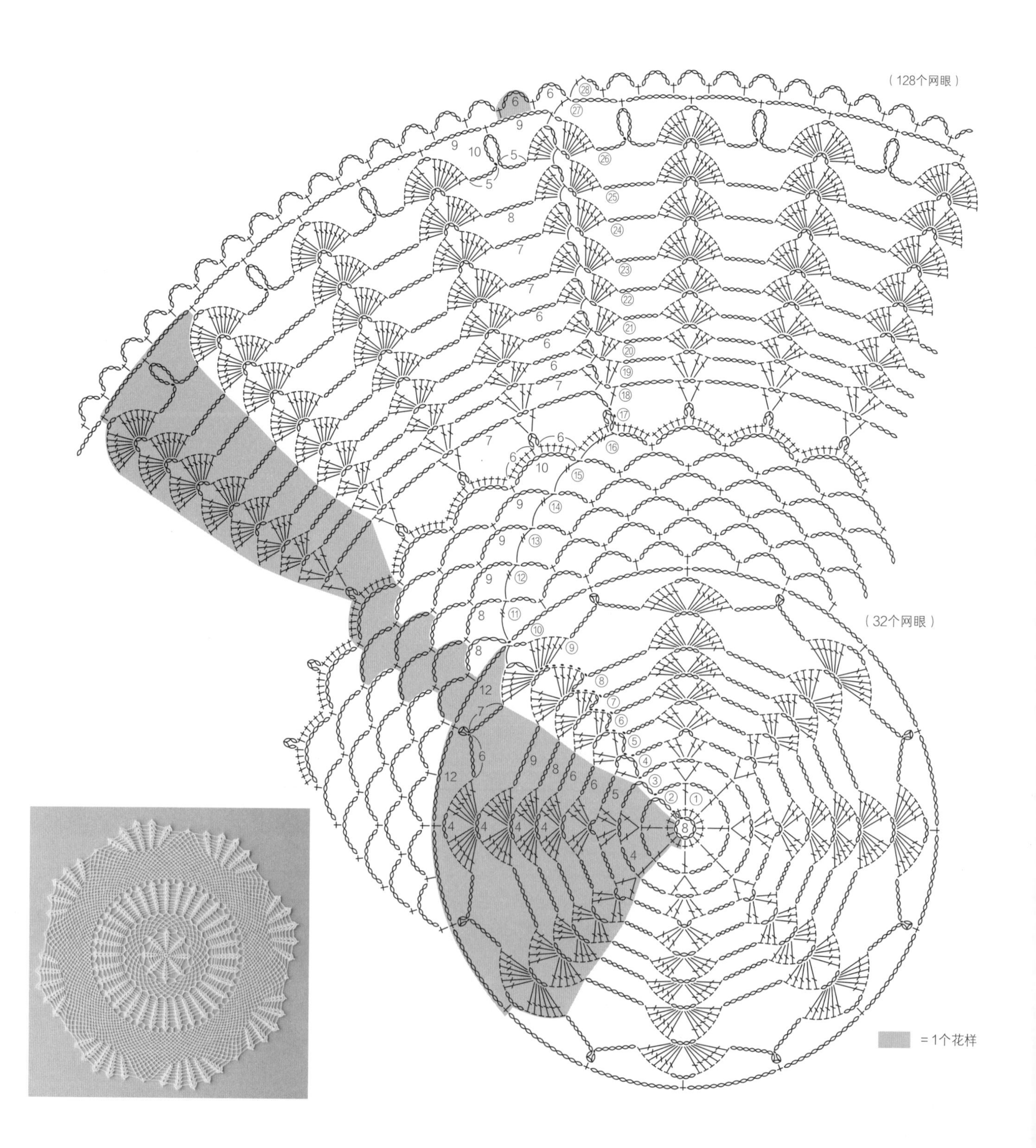

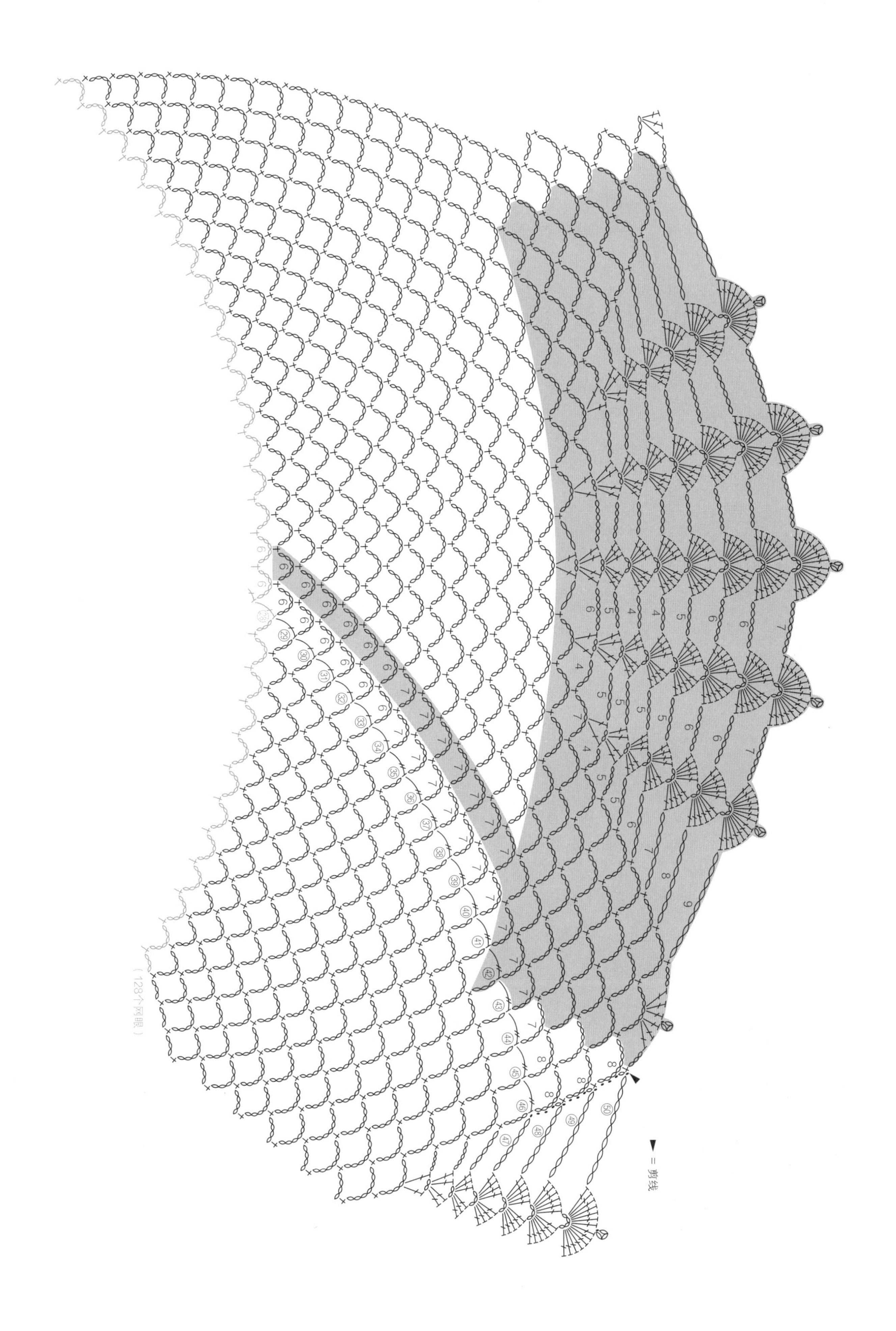
（128个网眼）
▼ = 剪线

7 p.15的作品

【材料和工具】

线…奥林巴斯 金票40号蕾丝线 灰色（455）20g
针…蕾丝针8号

【成品尺寸】

直径33cm

【钩织要点】

与作品6一样钩织至第26行，第27行参照符号图加入3针锁针的狗牙拉针钩织1行。

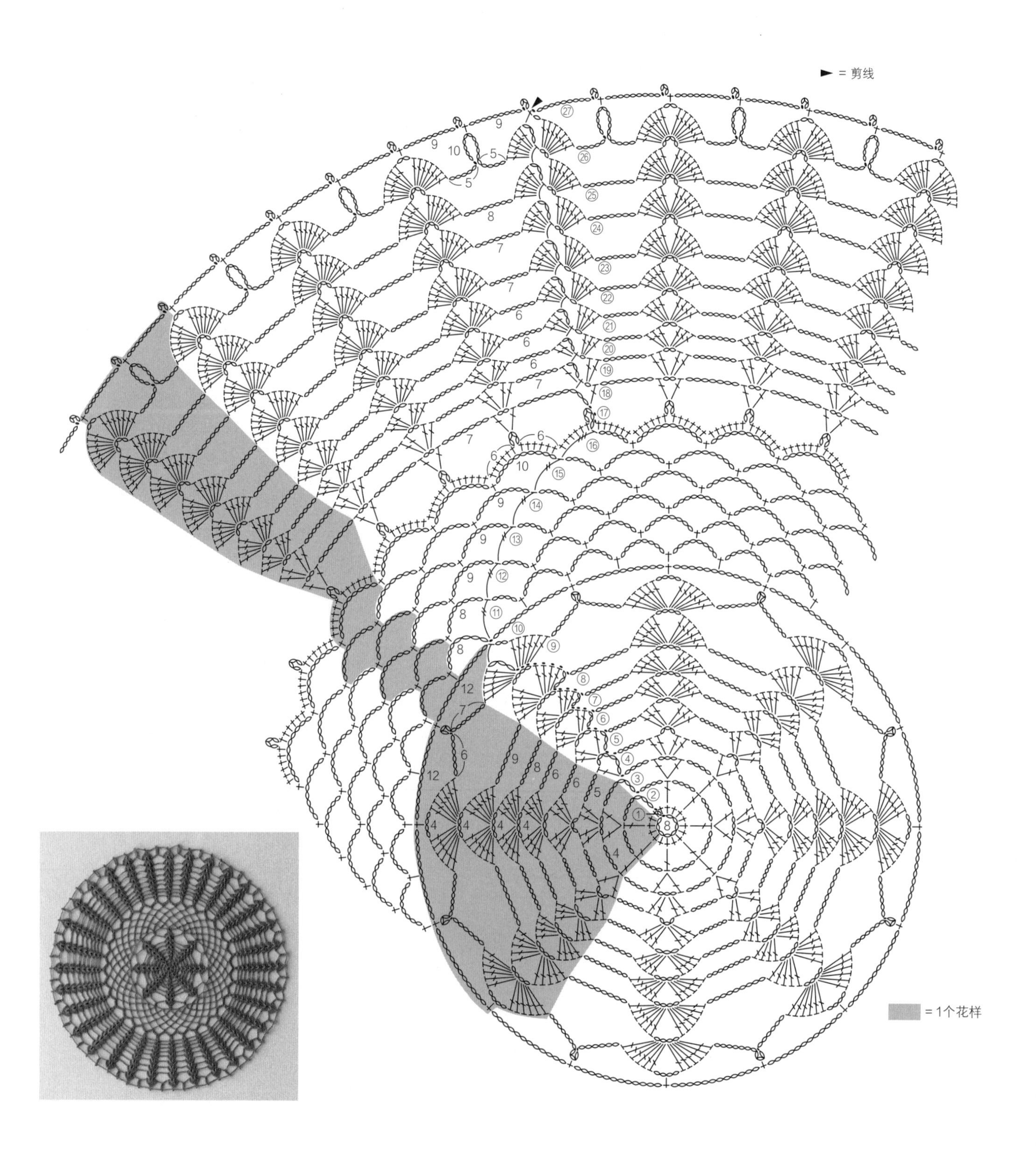

p.16的作品

【材料和工具】

线…奥林巴斯 金票40号蕾丝线 白色（801）200g
针…蕾丝针8号

【成品尺寸】

直径90cm

【钩织要点】

钩织8针锁针制作起针环，参照符号图环形钩织。

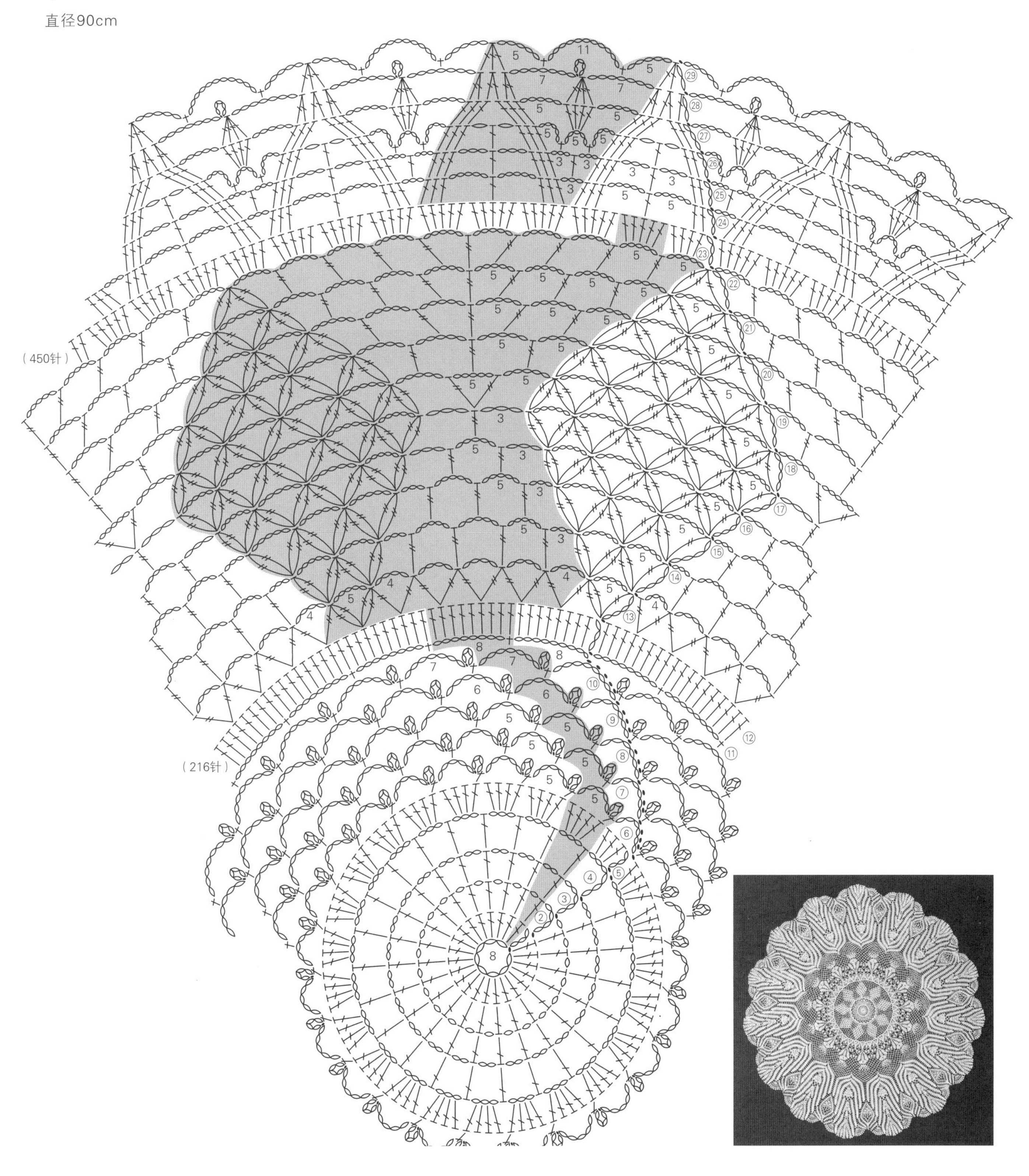

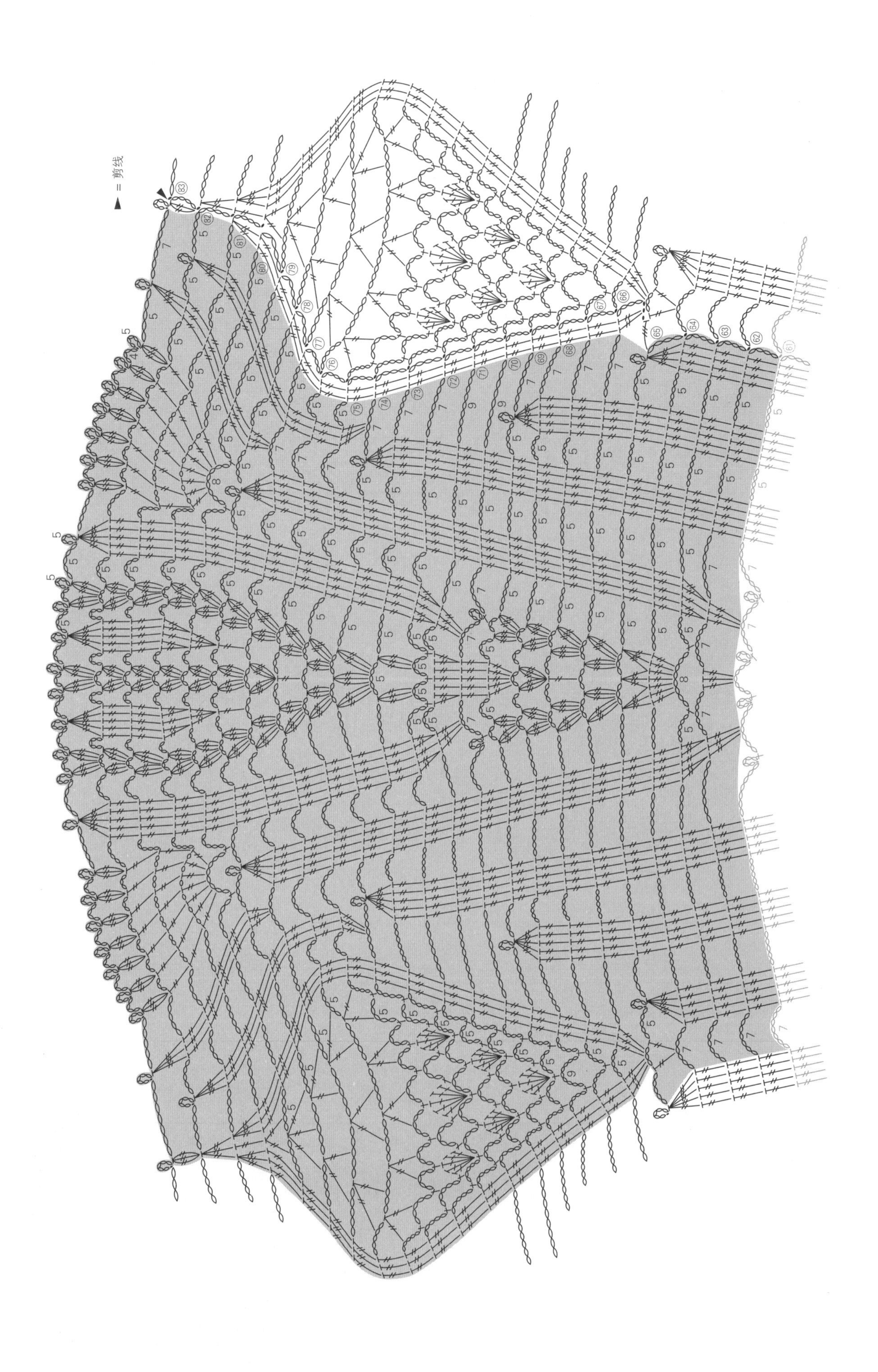
▶ = 剪线

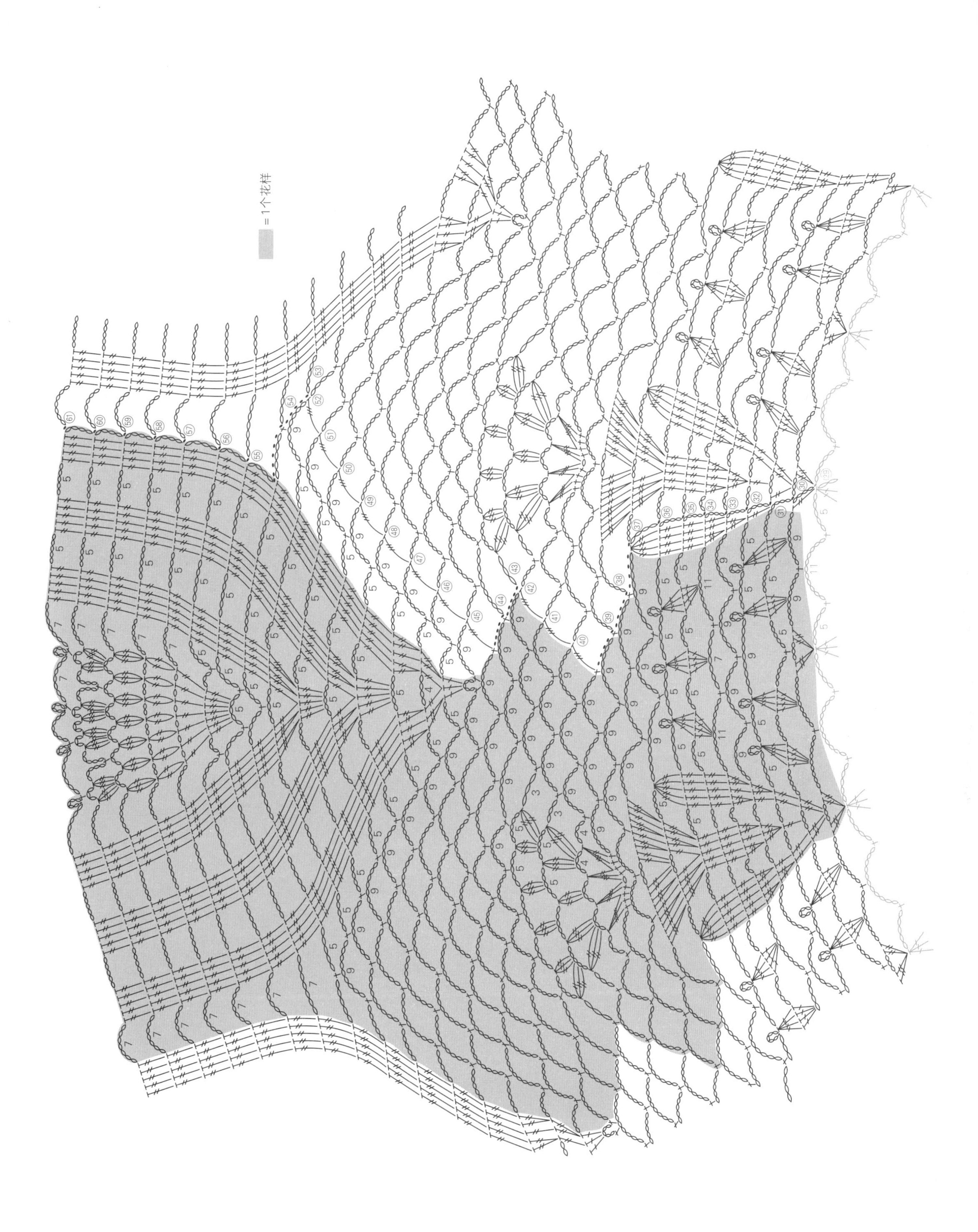
=1个花样

9 p.18的作品

【材料和工具】

线…奥林巴斯 金票40号蕾丝线 白色（801）55g
针…蕾丝针8号

【成品尺寸】

直径52cm

【钩织要点】

环形起针后参照符号图钩织。

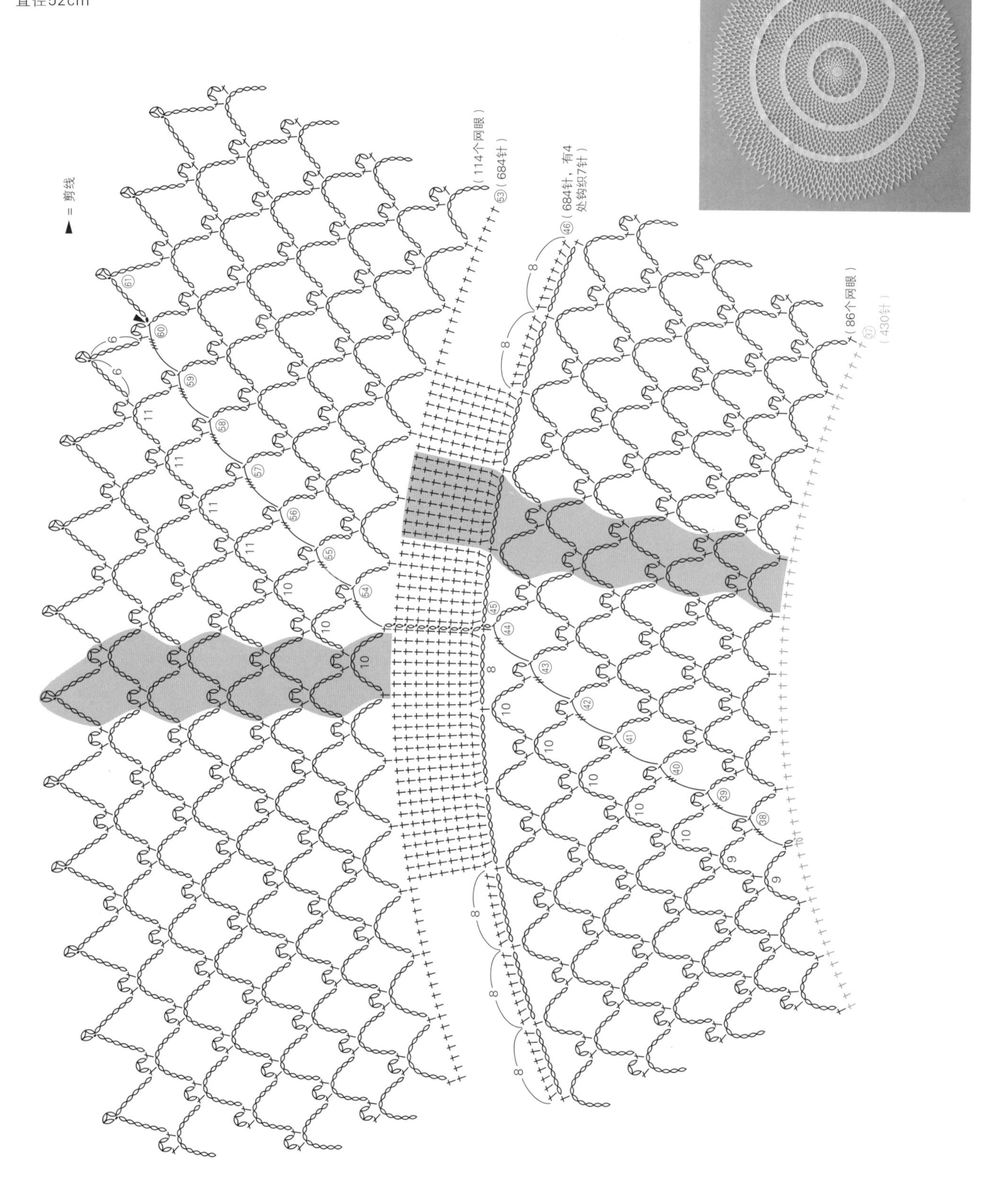

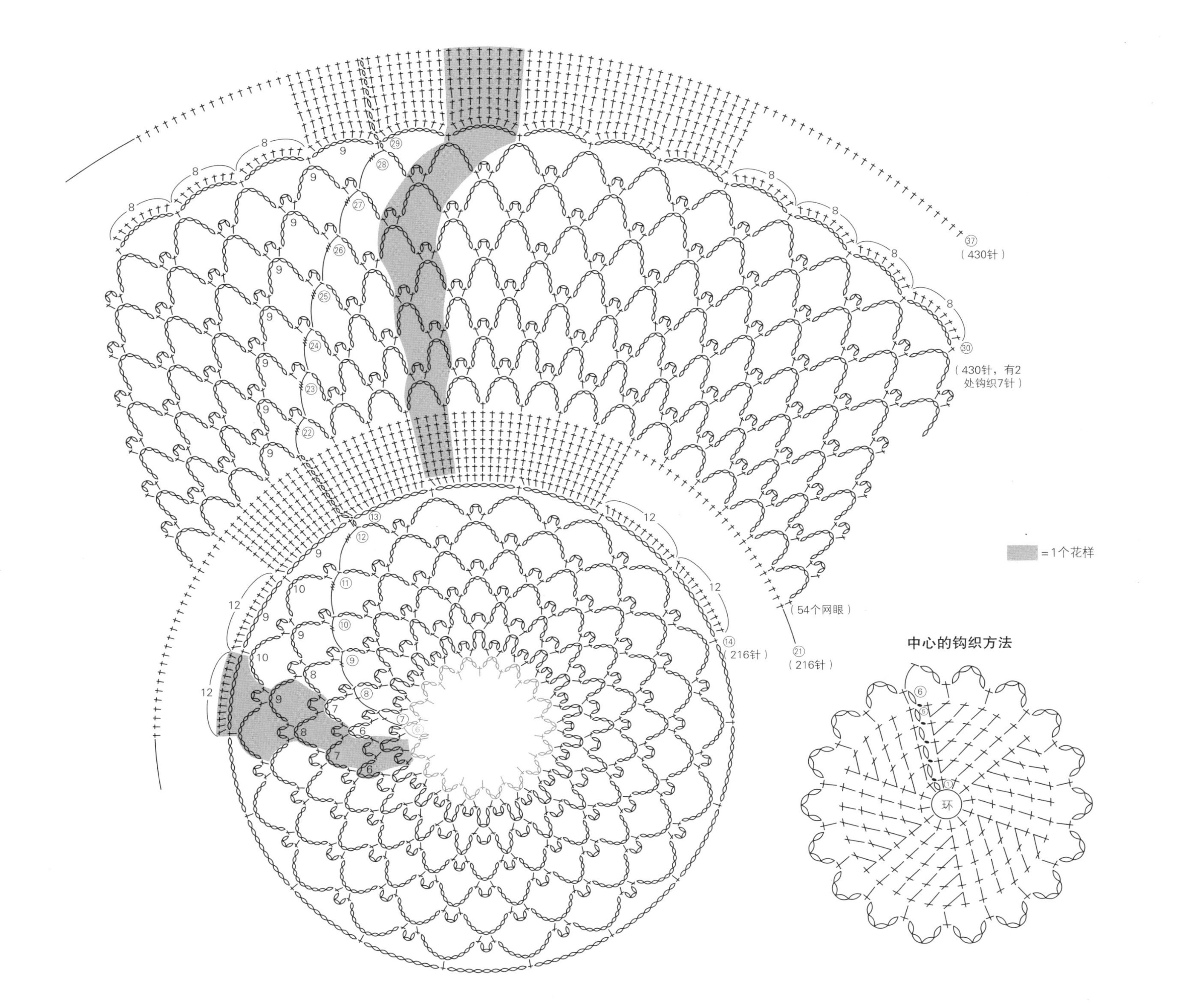
㊲（430针）
㉚（430针，有2处钩织7针）
=1个花样
（54个网眼）
⑭（216针）
㉑（216针）
中心的钩织方法
环

10 p.20的作品

【材料和工具】

线…奥林巴斯 金票40号蕾丝线 白色（801）120g
针…蕾丝针8号

【成品尺寸】

直径87cm

【钩织要点】

钩织10针锁针制作起针环，参照图示钩织。钩织Y字针和倒Y字针时按照符号图旁边的数字绕指定圈数的线。钩织时注意不要令所绕线圈松散。

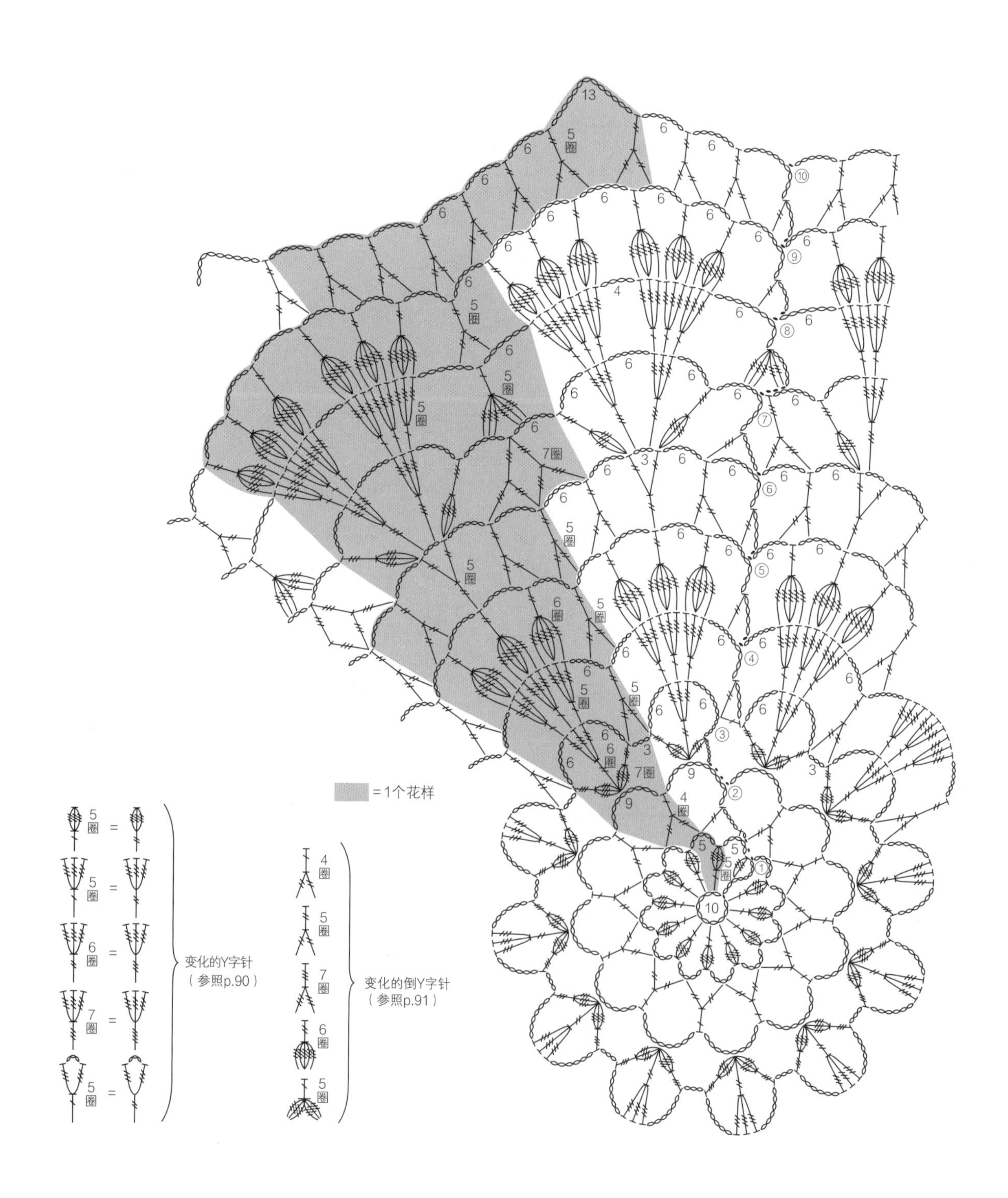

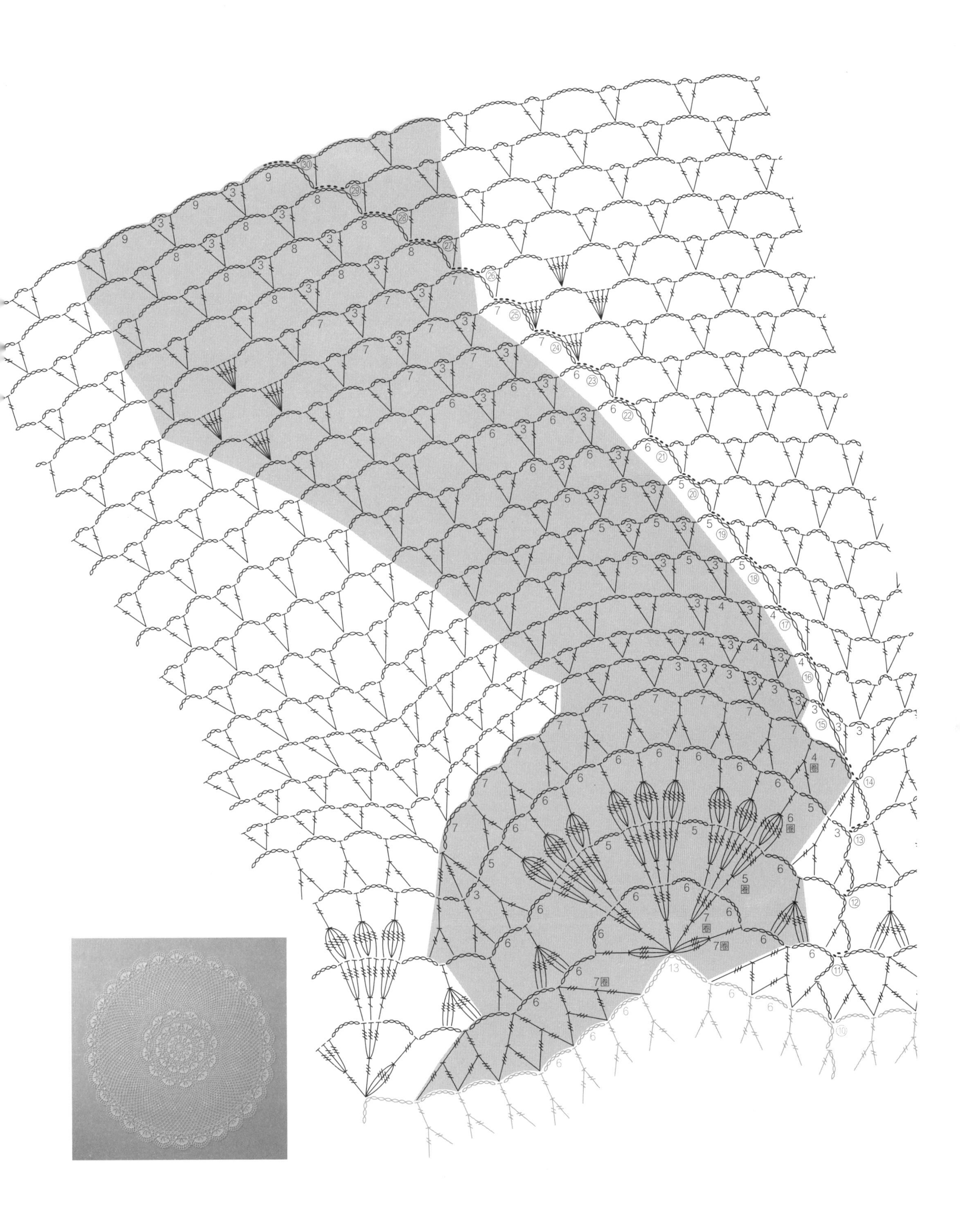

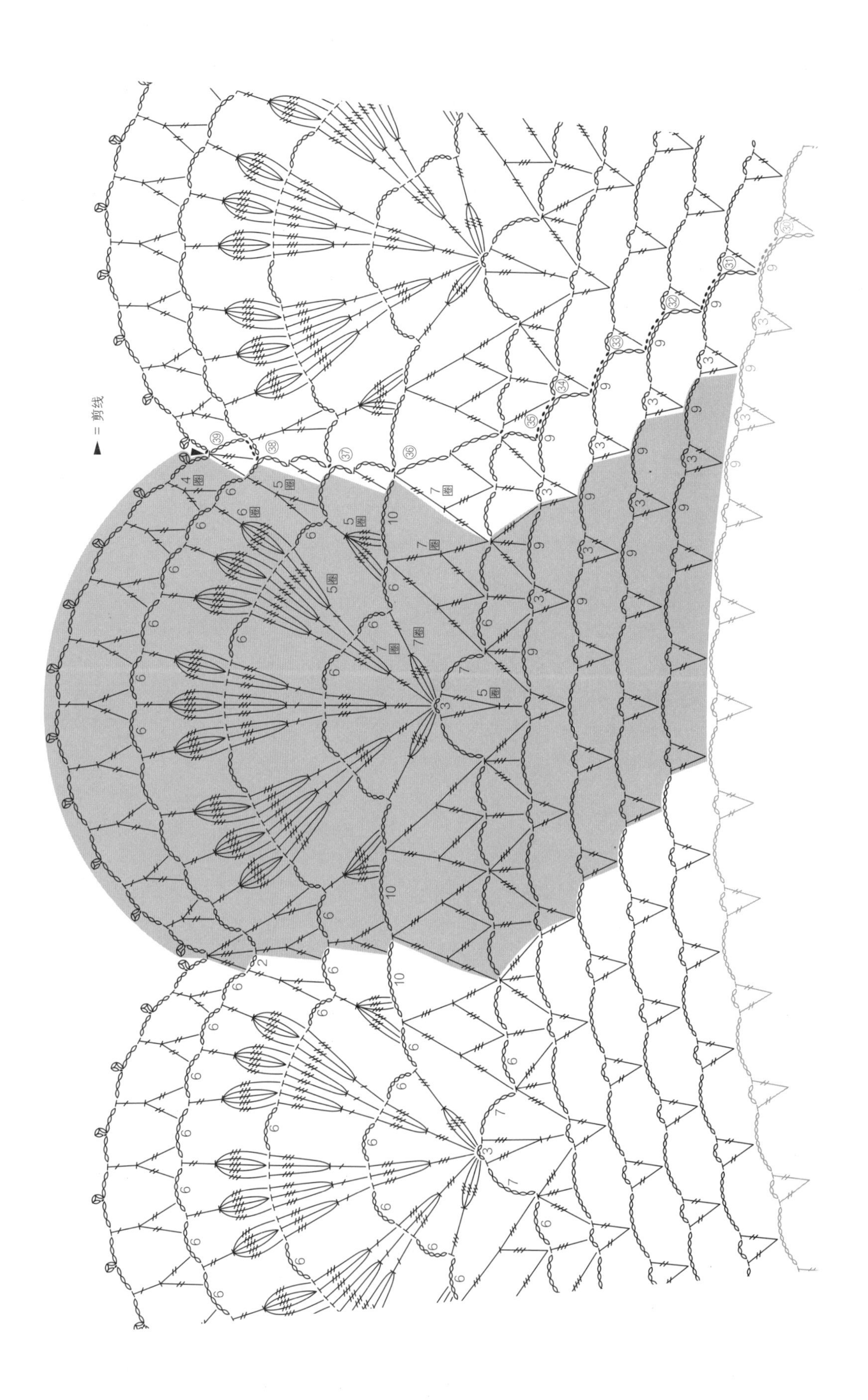
▶ = 剪线

11 p.22的作品

【材料和工具】

线…奥林巴斯 金票40号蕾丝线 白色（801）85g

针…蕾丝针8号

【成品尺寸】

直径63cm

【钩织要点】

环形起针后开始参照符号图钩织。1个花样比较大，钩织时要注意。

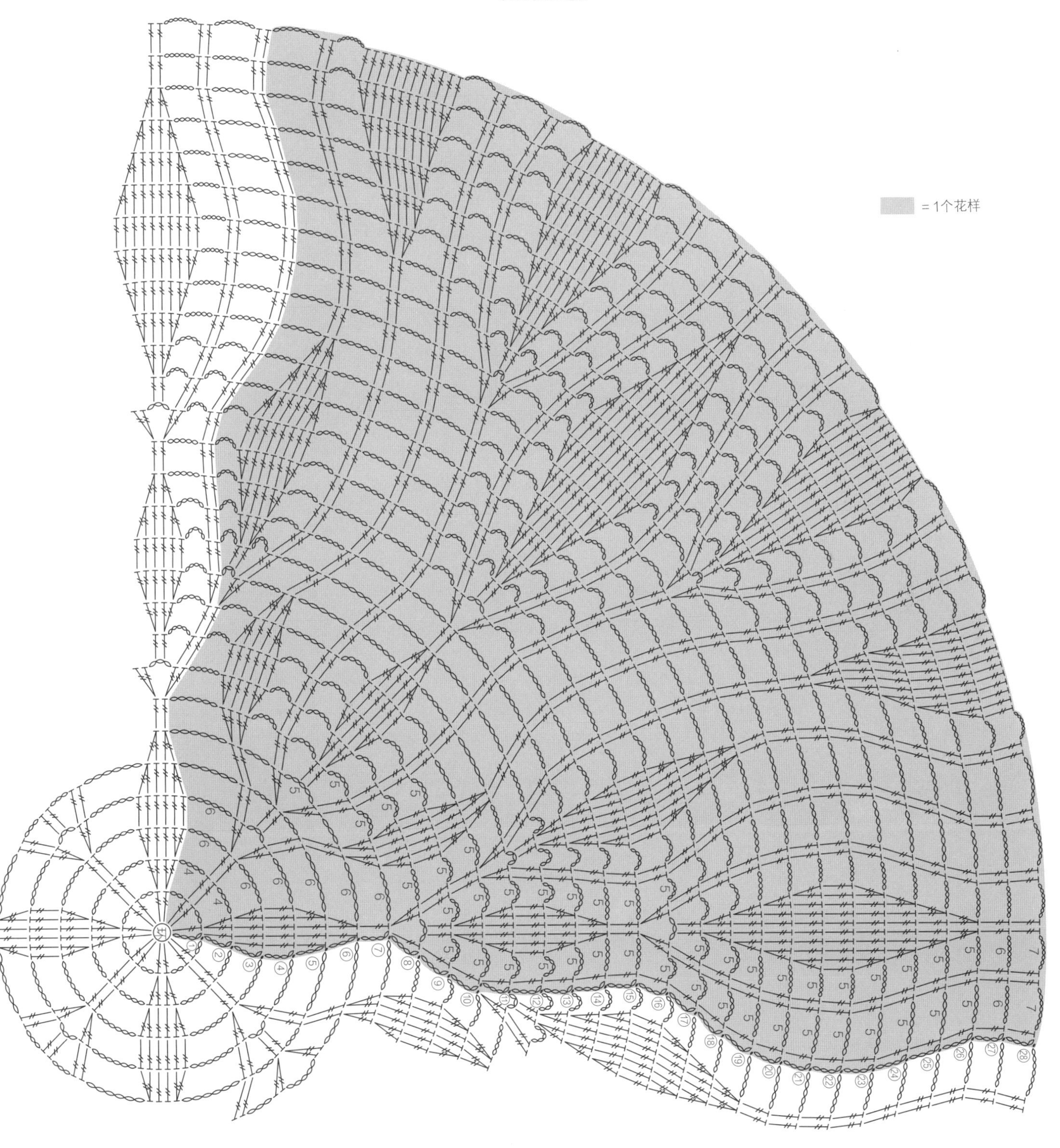

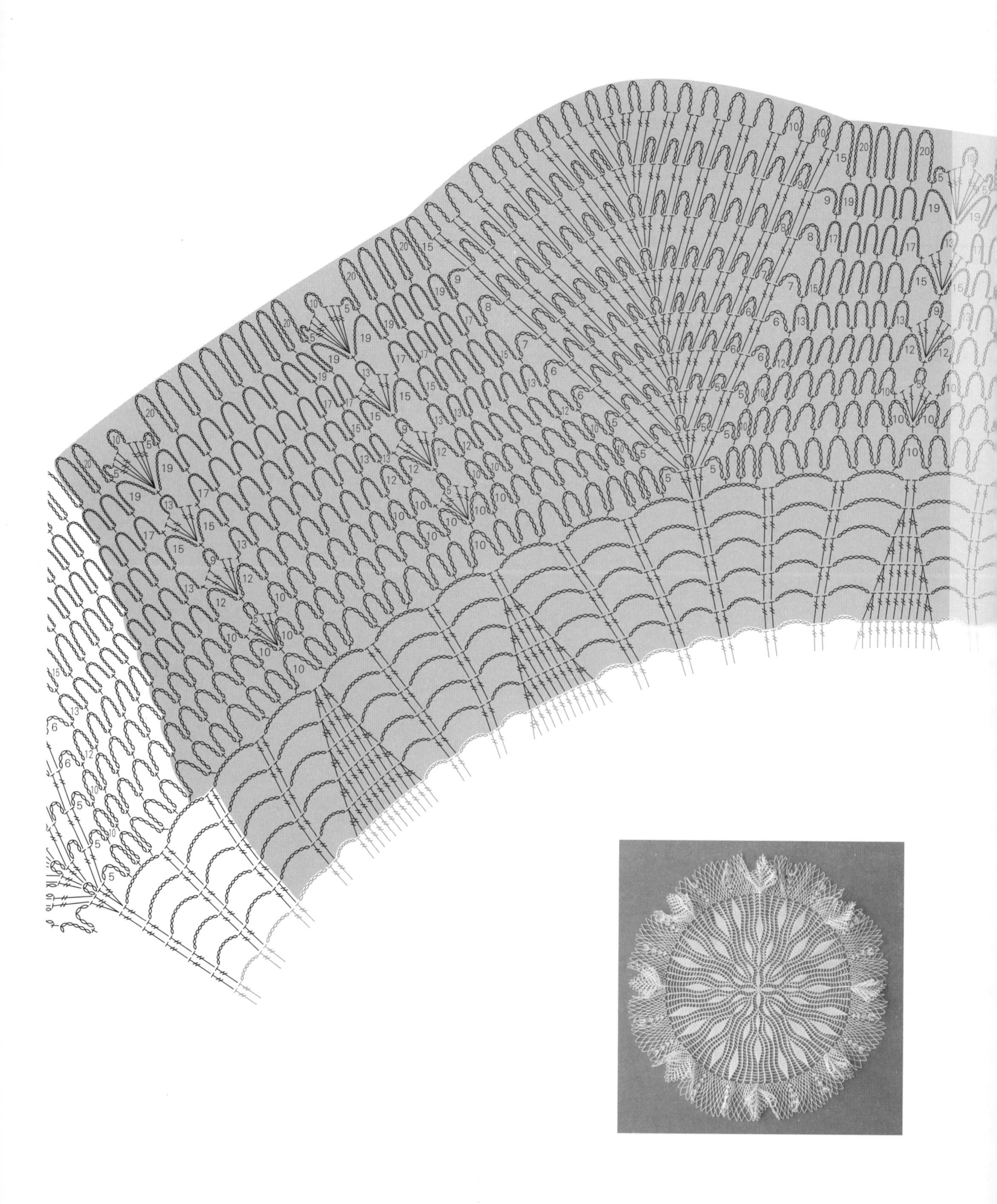

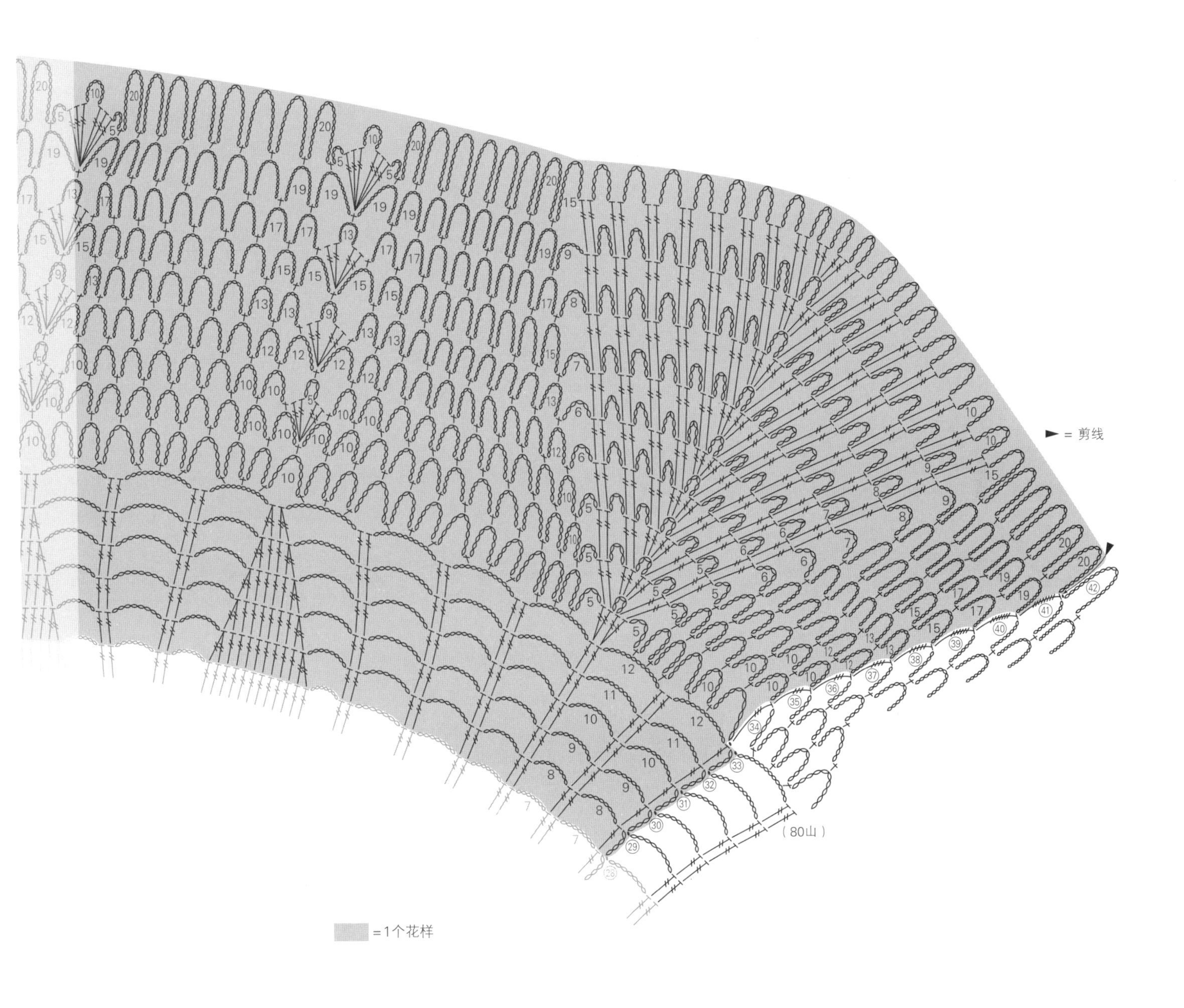
► = 剪线
（80山）
=1个花样

12 p.25的作品

【材料和工具】

线…奥林巴斯 金票40号蕾丝线 褐色（736）45g

针…蕾丝针8号

【成品尺寸】

28cm×41cm

【钩织要点】

为了使菠萝花样对称，分别钩织2片。在第2片的第31行，与第1片反面相对对齐，一边钩织2针长针并1针，一边连接。第9行和第31行在中心分别做加减针，增加或减少1格的针数。

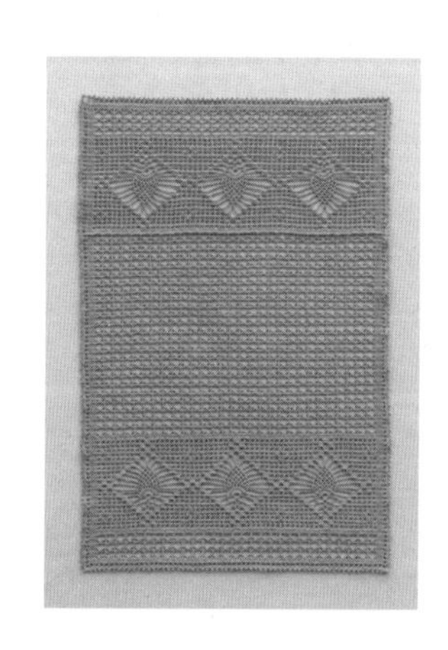

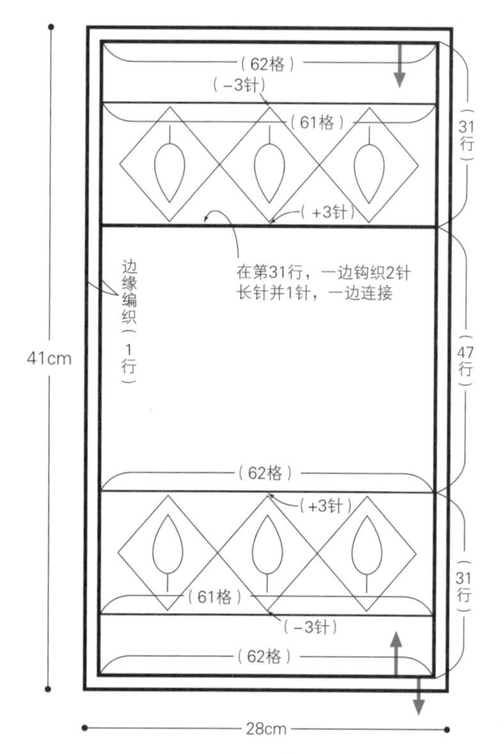

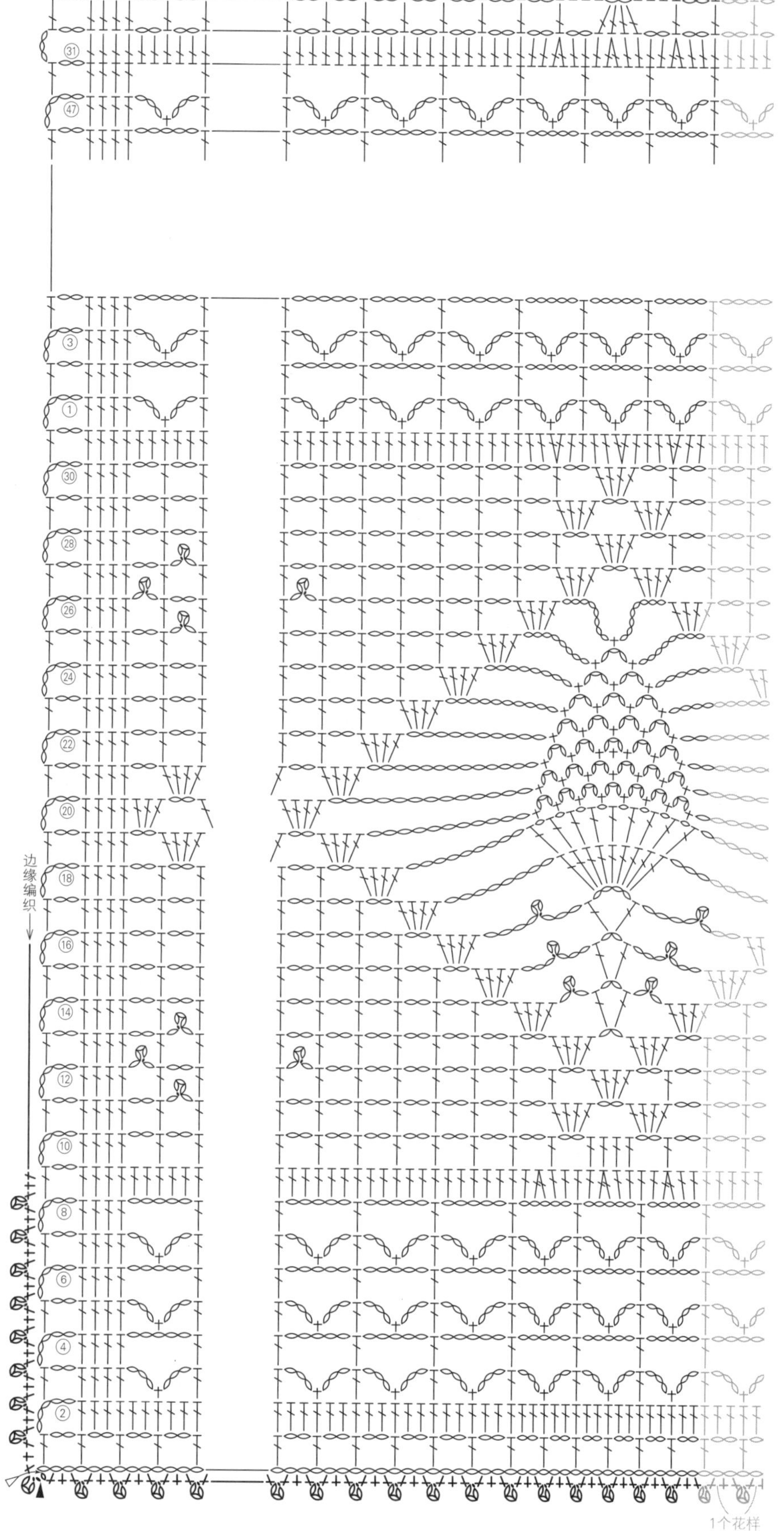

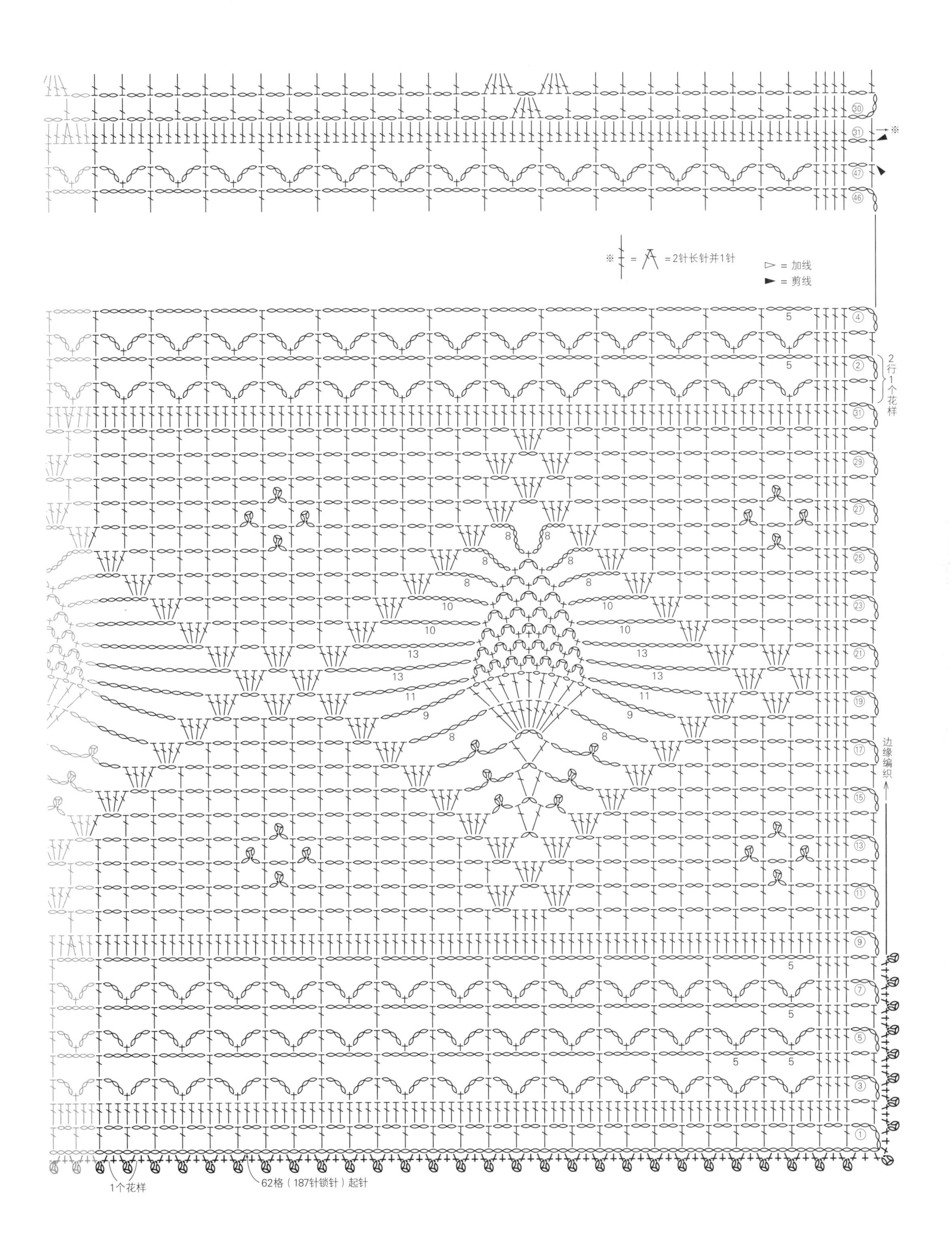

※ = 2针长针并1针
▷ = 加线
▶ = 剪线
2行1个花样
边缘编织
1个花样
62格（187针锁针）起针

13 p.26的作品

【材料和工具】

线…奥林巴斯 金票40号
蕾丝线 白色（801）40g
针…蕾丝针8号

【成品尺寸】

48cm×29cm

【钩织要点】

在中间钩织187针锁针（62格）起针，一侧参照符号图钩织至第59行。从第32行开始在左右两边同时减少格数。另一侧与这一侧的第2行及之后各行的钩织方法相同。

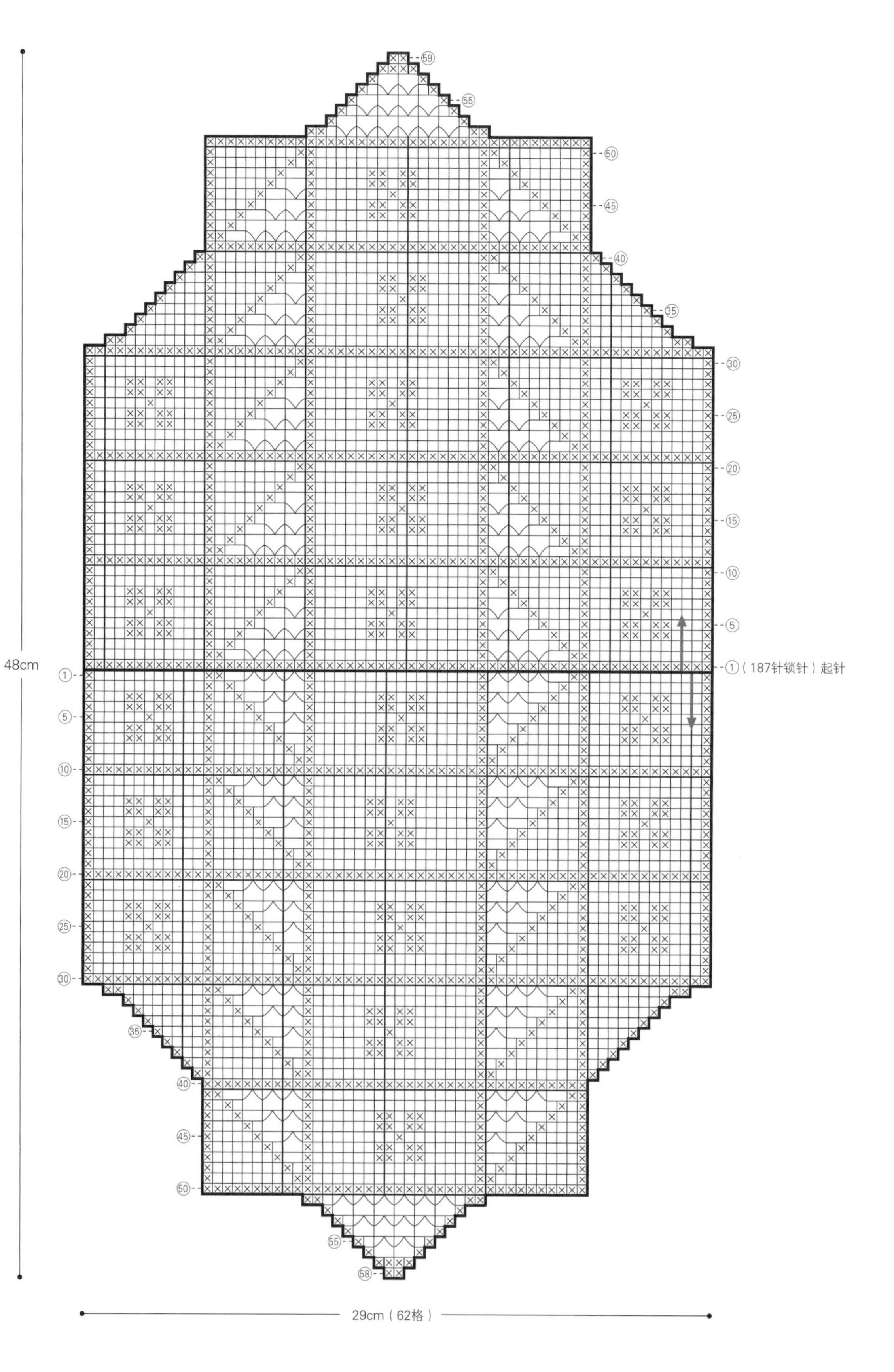

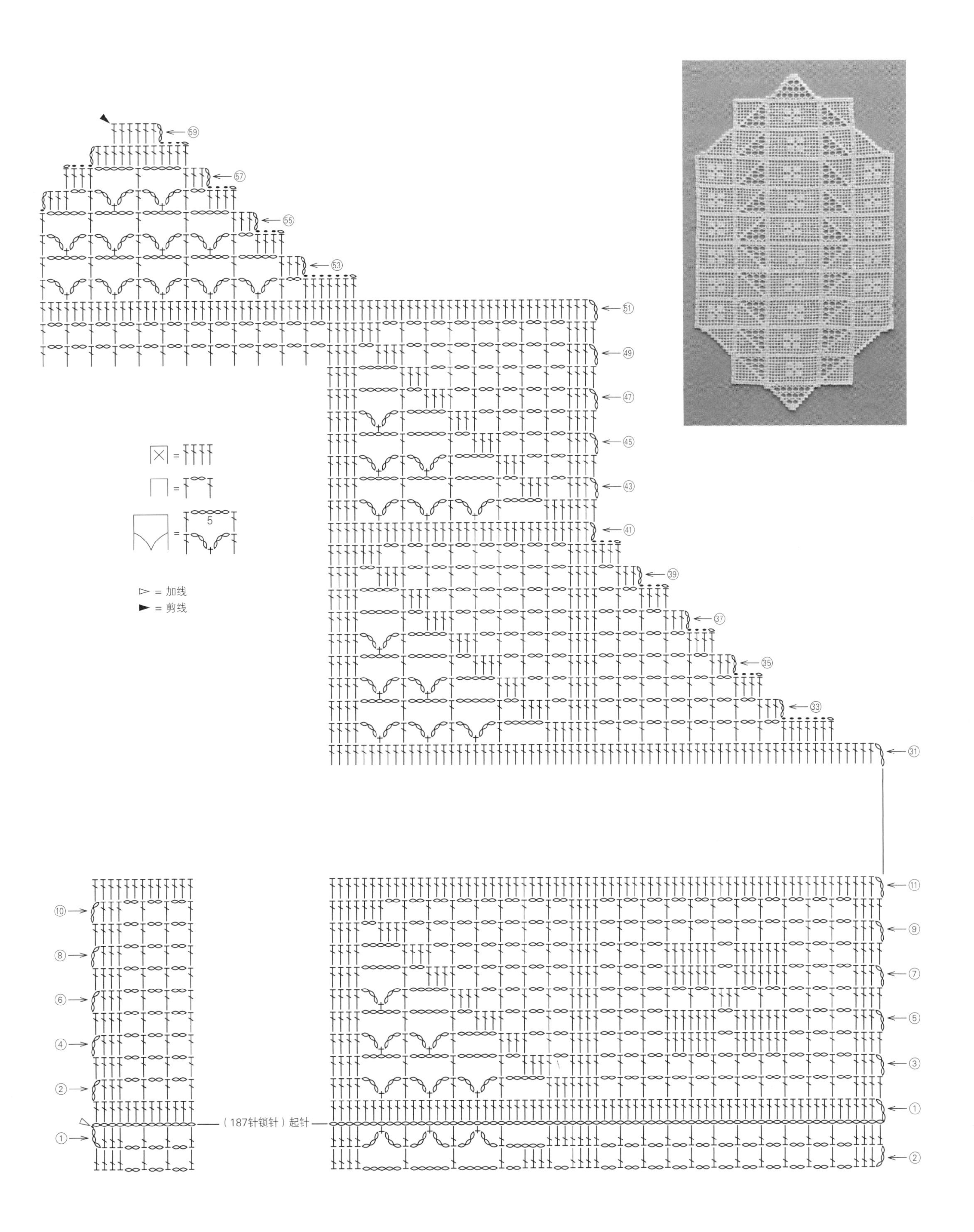

= 加线
= 剪线
5
(187针锁针)起针

14 p.27的作品

【材料和工具】

线…奥林巴斯 金票40号蕾丝线 灰色（455）15g
针…蕾丝针8号

【成品尺寸】

26cm×25cm

【钩织要点】

在中间钩织169针锁针（56格）起针，一侧参照符号图钩织至第29行，同时在左右两边减少格数。另一侧与这一侧的第2行及之后各行钩织方法相同。参照作品13的符号图钩织。

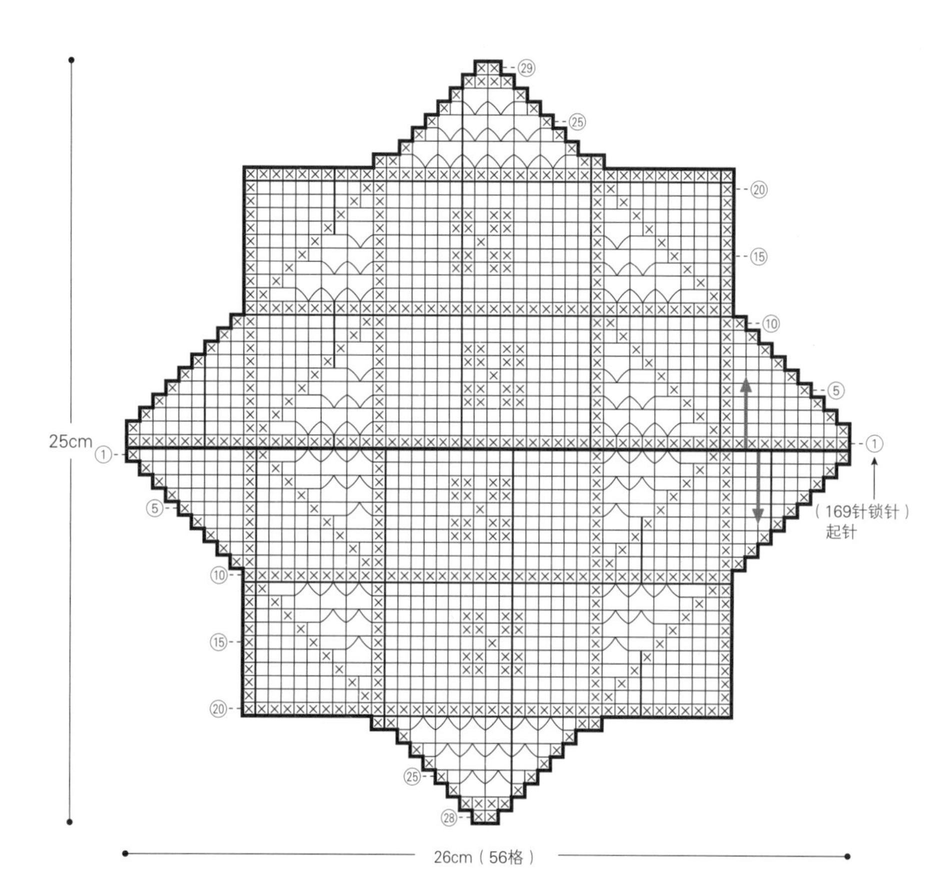

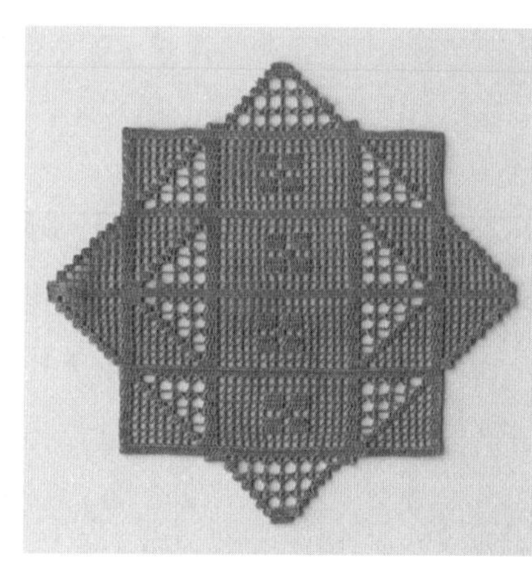

15 p.28的作品

【材料和工具】

线…奥林巴斯 金票
40号蕾丝线 黑色
（901）210g
针…蕾丝针8号

【成品尺寸】

108cm×51cm

【钩织要点】

整体按连接花片钩织。花片锁针起针后，参照符号图往返钩织方眼花样，接着在周围钩织边缘编织。从第2片开始与相邻花片做引拔连接。第10片花片连接完成后，开始在外圈钩织4行边缘编织。

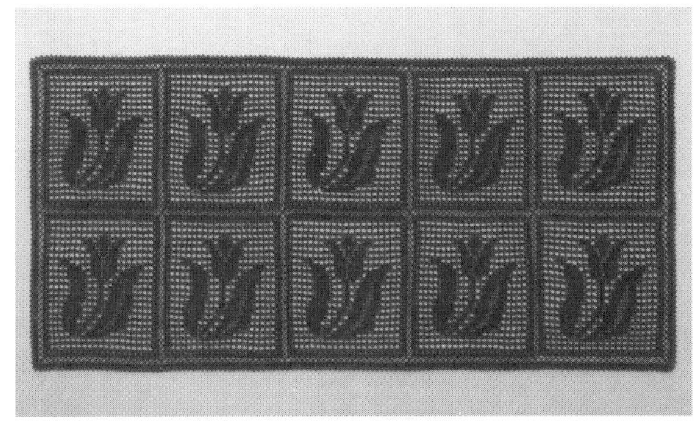

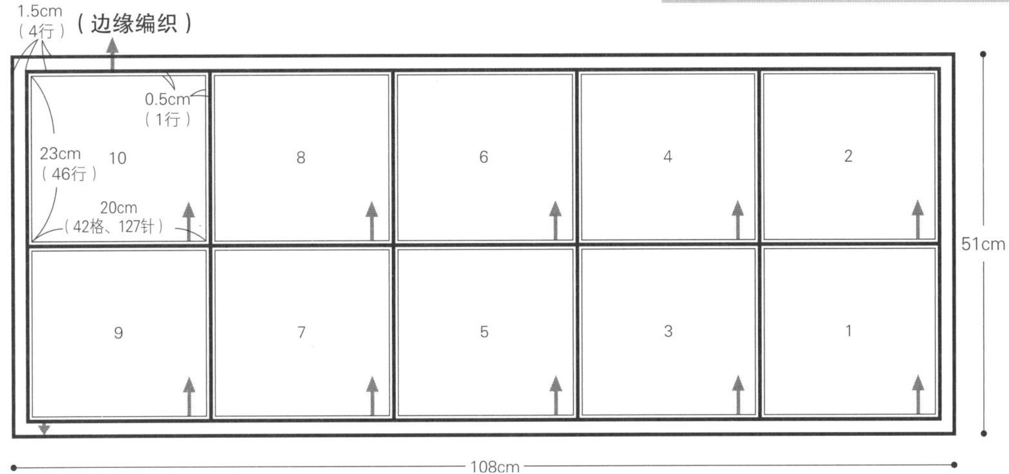

花片的方眼花样

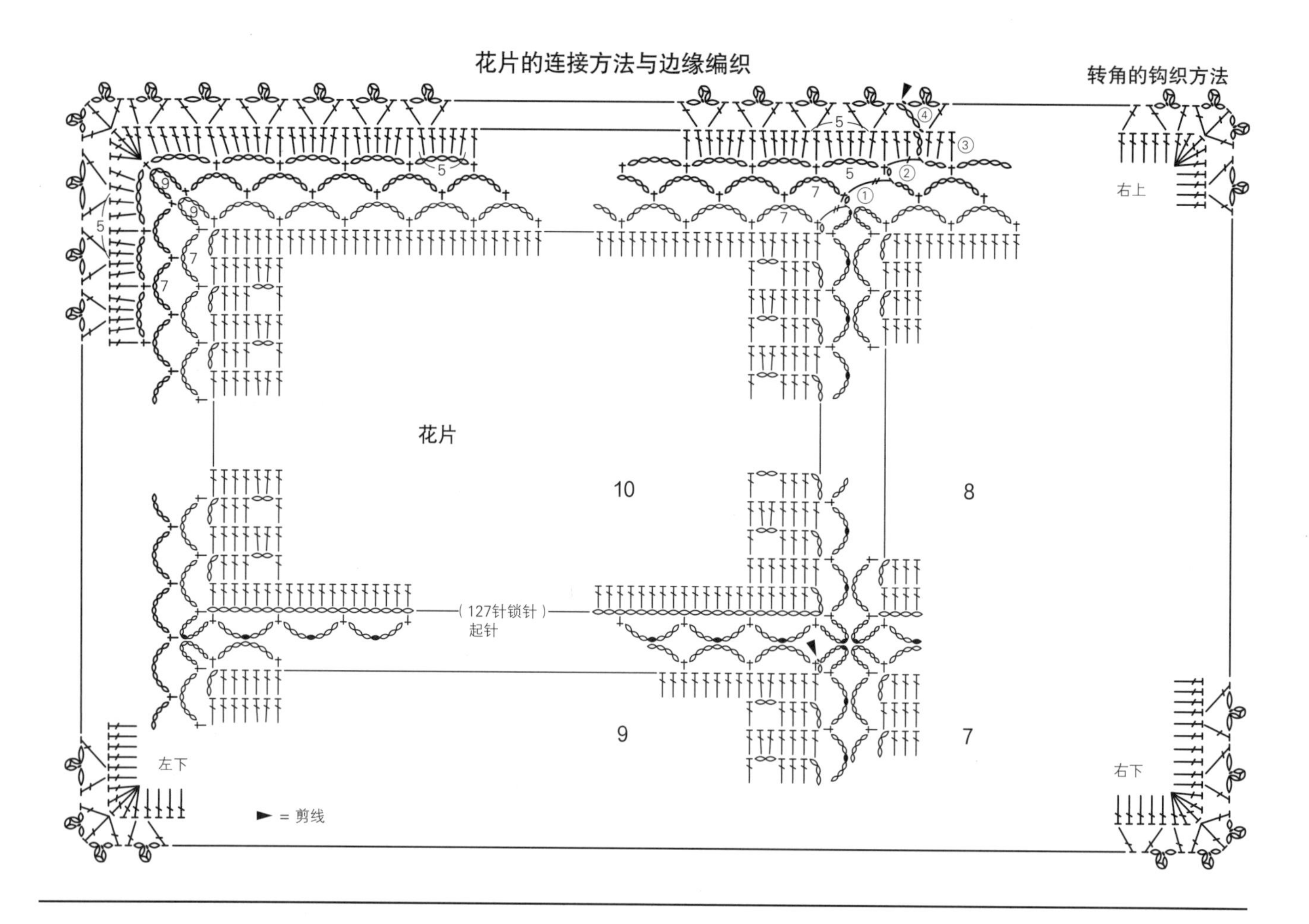
花片的连接方法与边缘编织
转角的钩织方法
右上
花片
10
8
9
7
(127针锁针)
起针
左下
右下
► = 剪线

下接p.77（作品18）

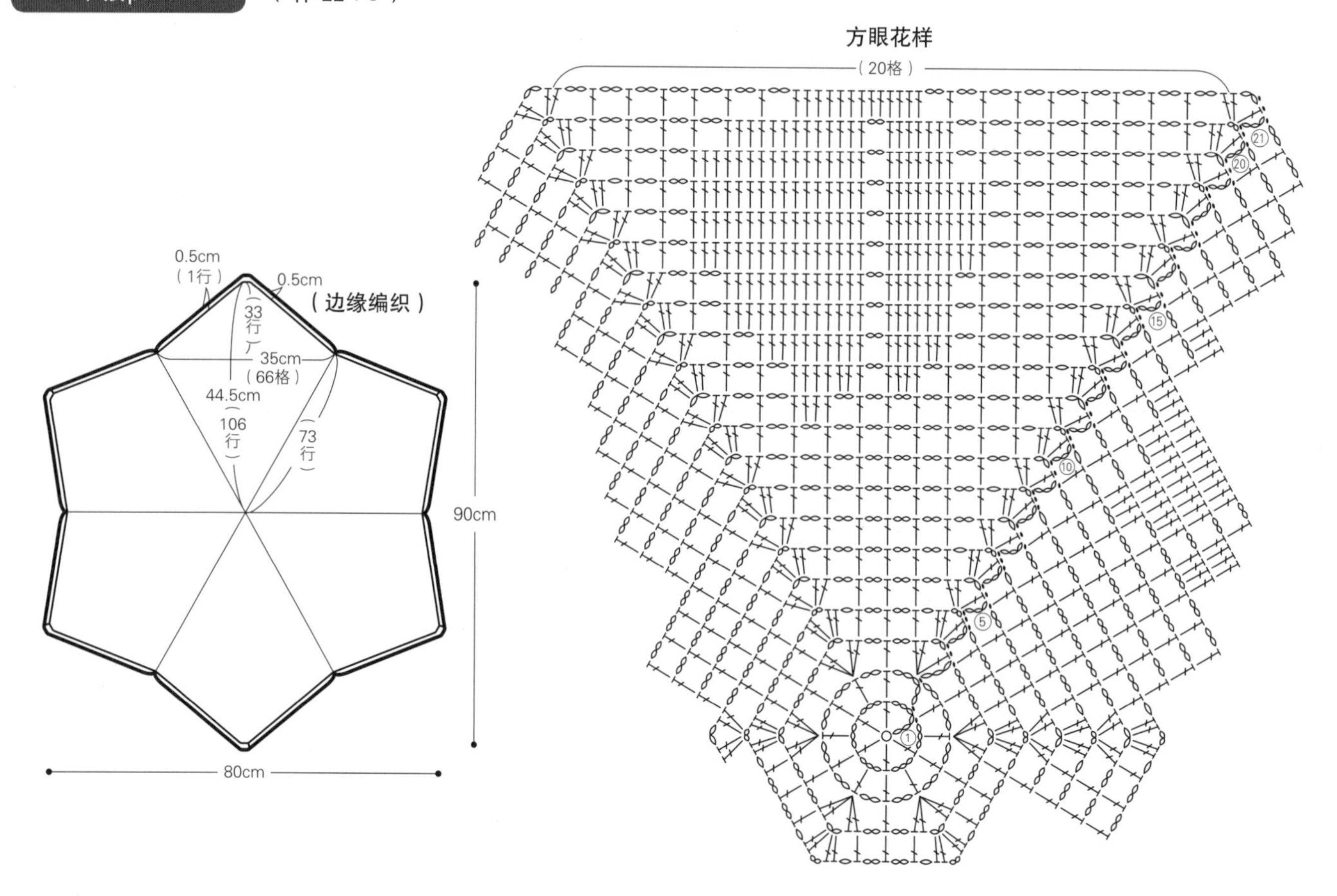
方眼花样
(20格)
0.5cm
(1行)
0.5cm
(边缘编织)
33
行
35cm
(66格)
44.5cm
106
行
73
行
90cm
80cm

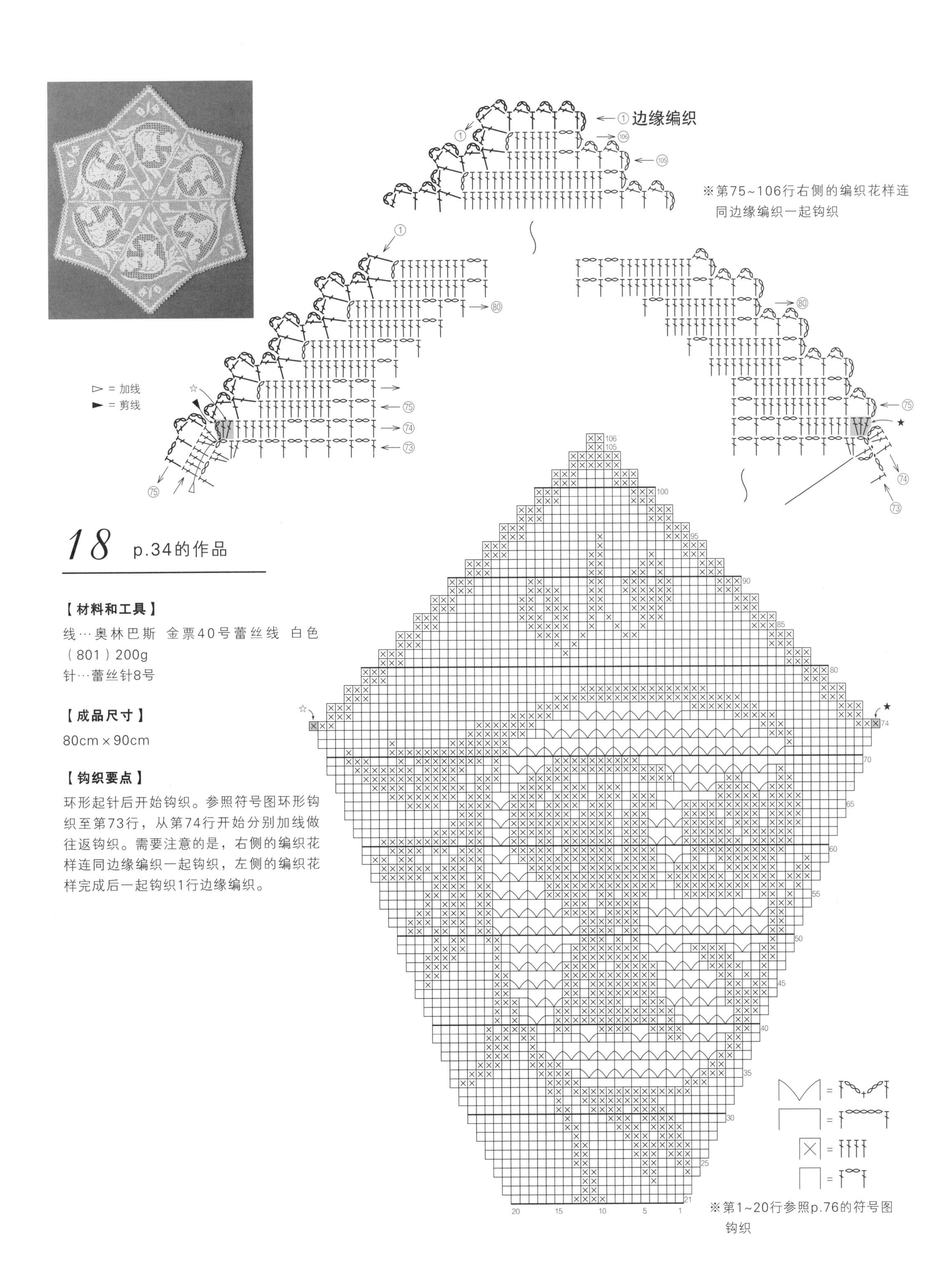

18 p.34的作品

【材料和工具】

线…奥林巴斯 金票40号蕾丝线 白色（801）200g

针…蕾丝针8号

【成品尺寸】

80cm×90cm

【钩织要点】

环形起针后开始钩织。参照符号图环形钩织至第73行，从第74行开始分别加线做往返钩织。需要注意的是，右侧的编织花样连同边缘编织一起钩织，左侧的编织花样完成后一起钩织1行边缘编织。

16 p.30的作品

【材料和工具】

线…奥林巴斯 金票40号蕾丝线 原白色（852）110g
针…蕾丝针8号

【成品尺寸】

直径72cm

【钩织要点】

环形起针后开始参照符号图钩织。

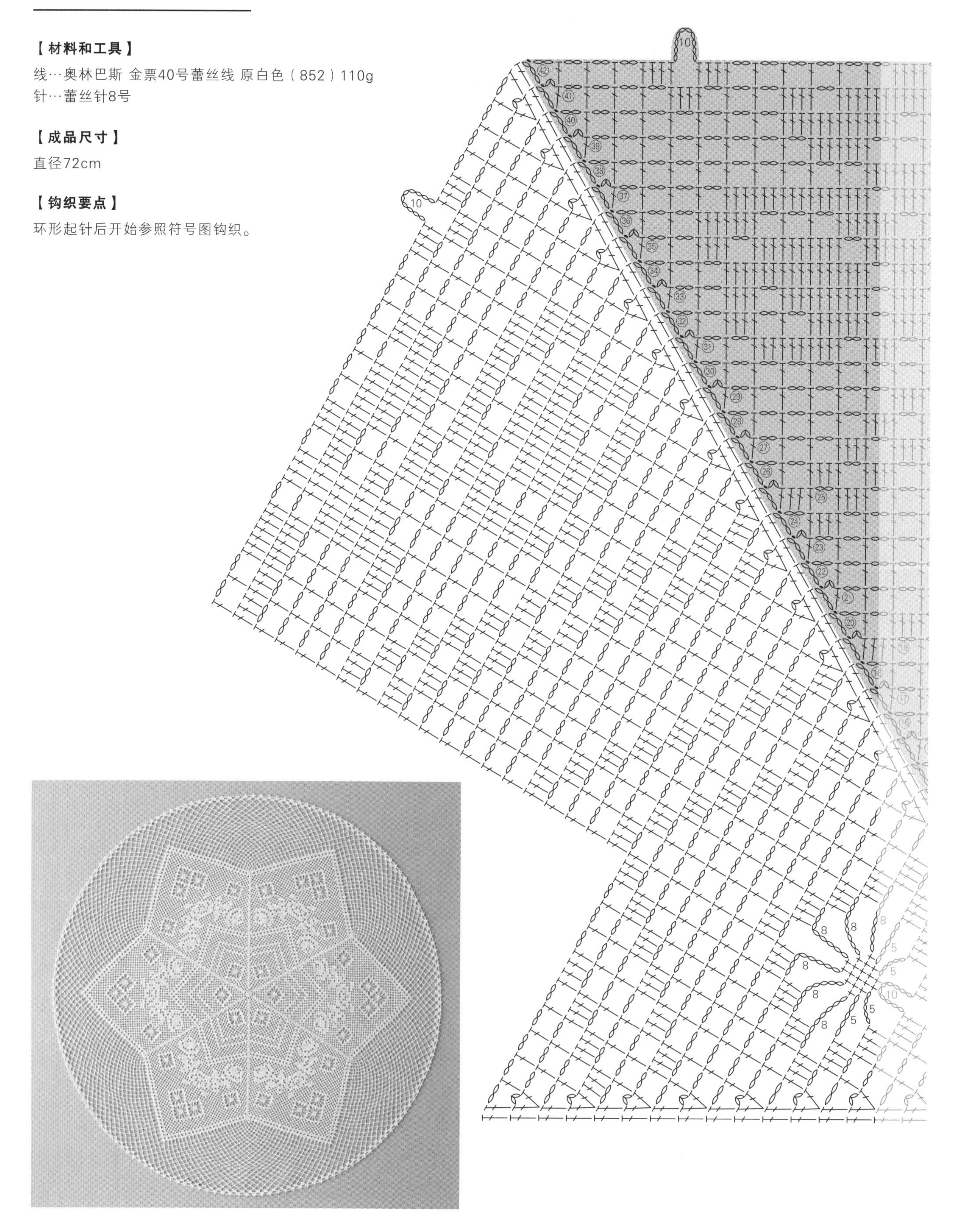

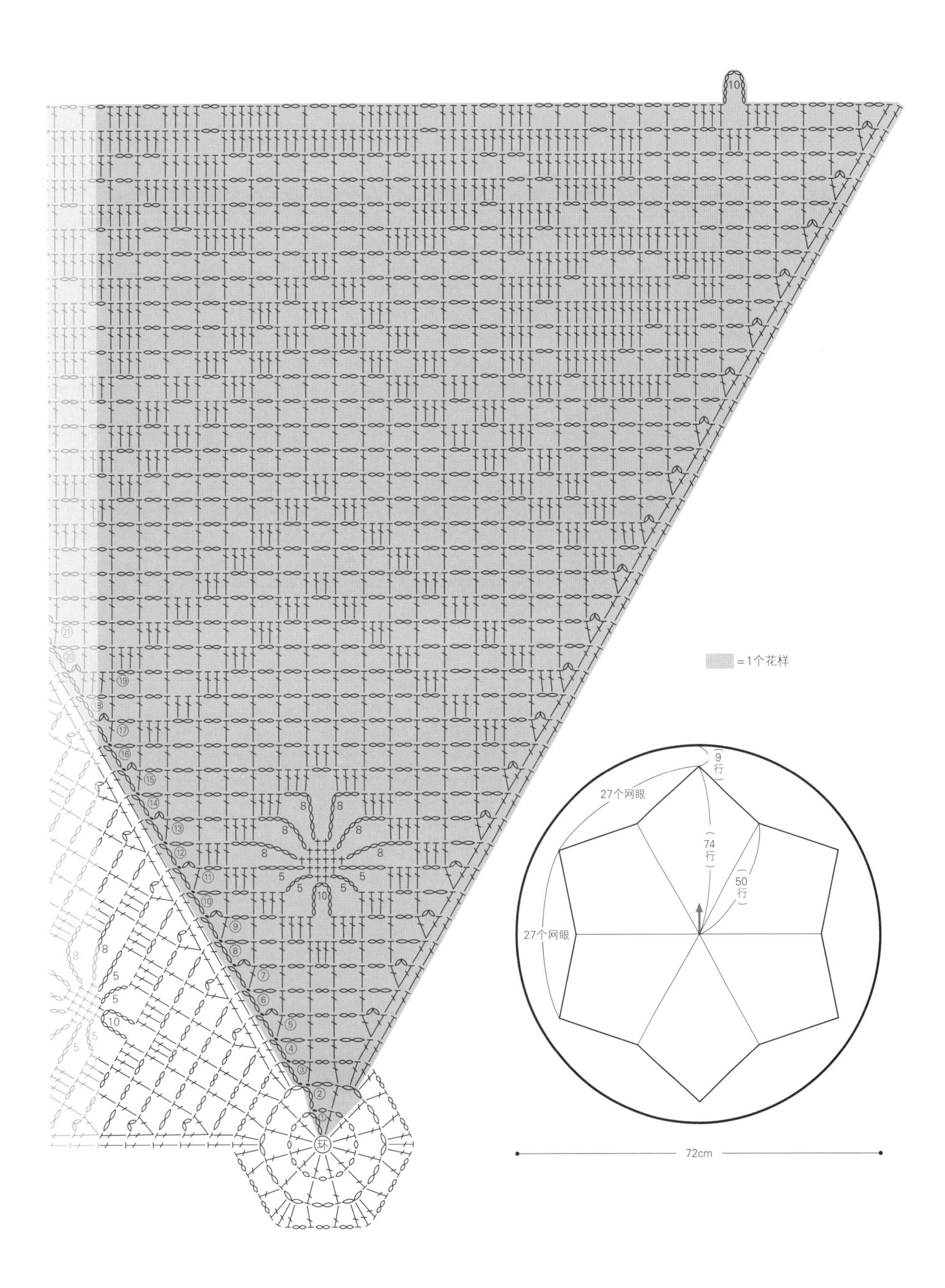

=1个花样
9行
27个网眼
74行
50行
27个网眼
72cm

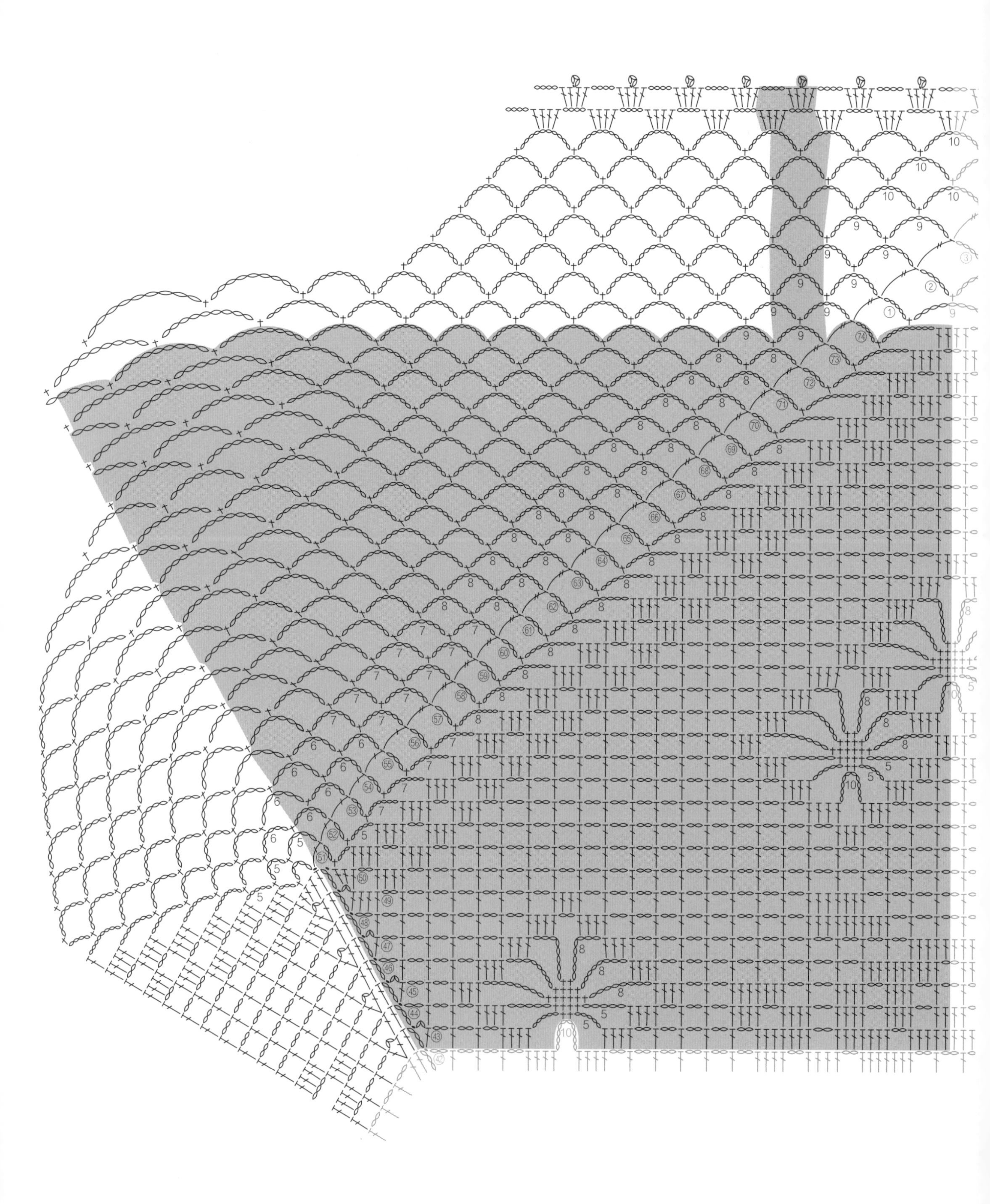

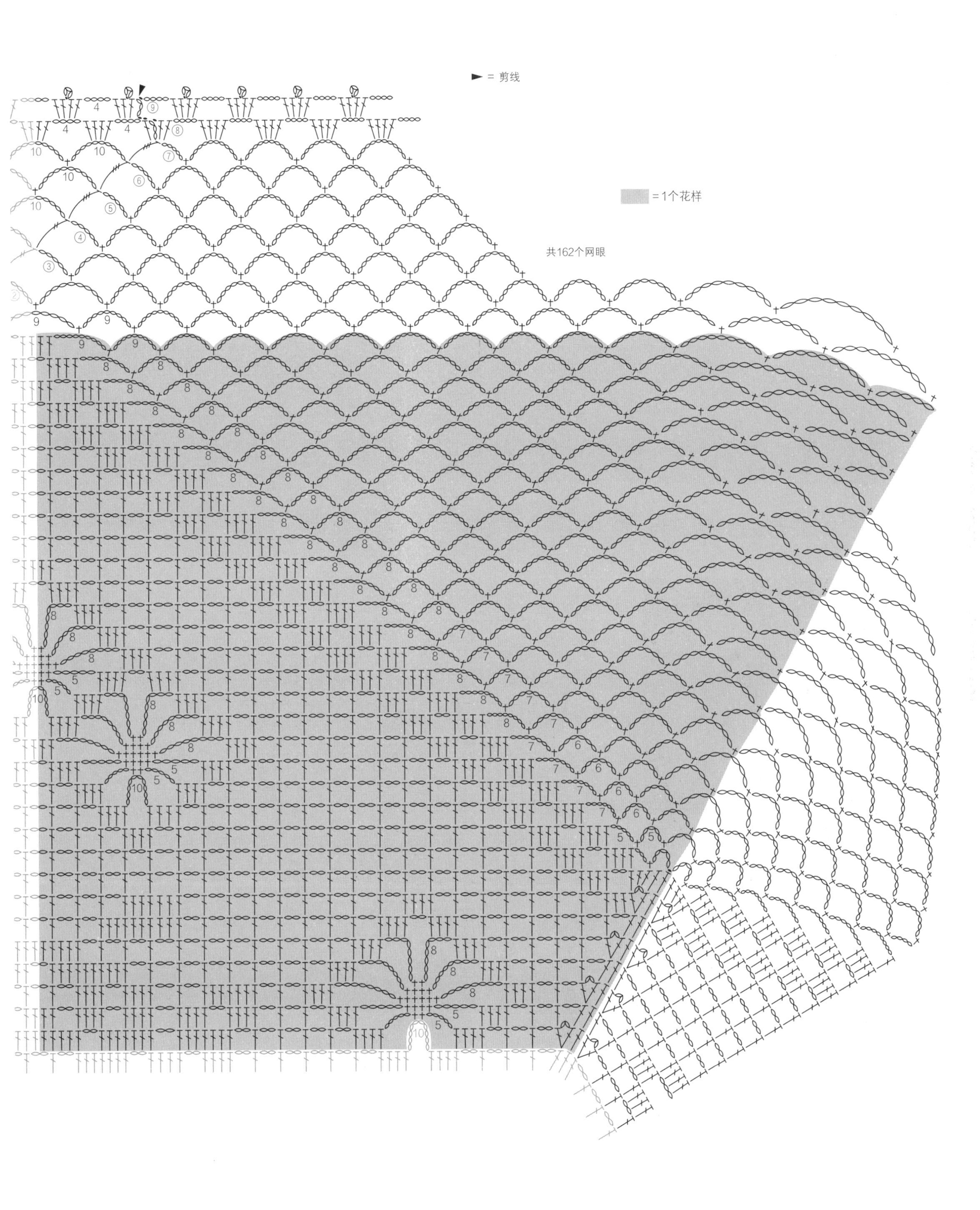
► = 剪线
= 1个花样
共162个网眼

17 p.32的作品

【材料和工具】

线…奥林巴斯 金票40号蕾丝线 白色（801）350g
针…蕾丝针8号

【成品尺寸】

110cm×103cm

【钩织要点】

环形起针后开始参照符号图环形钩织。注意第6行有不规则处。每个花样每3行在左右两侧各加1格，按此规律一边钩织一边加针。

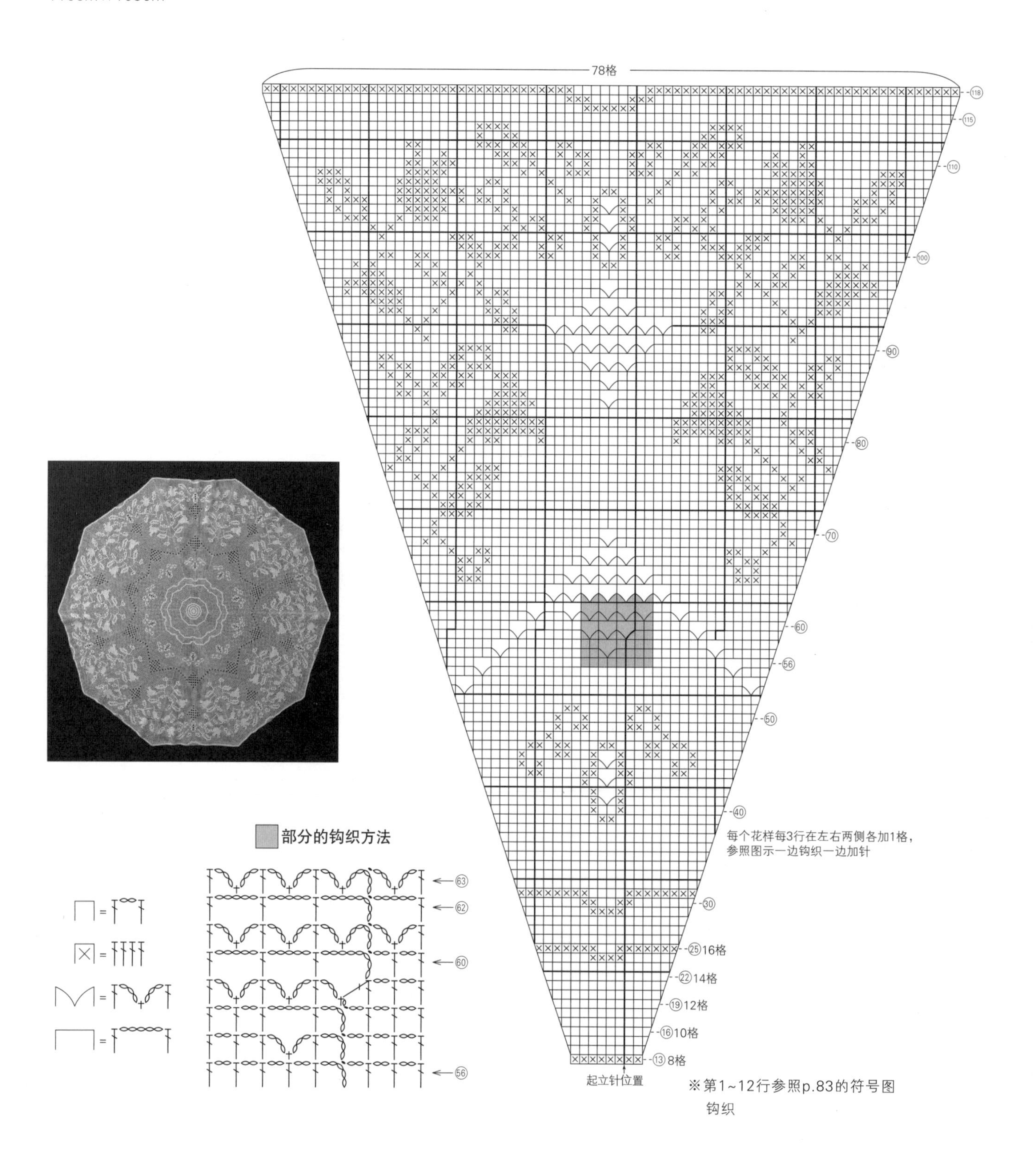

※第1~12行参照p.83的符号图钩织

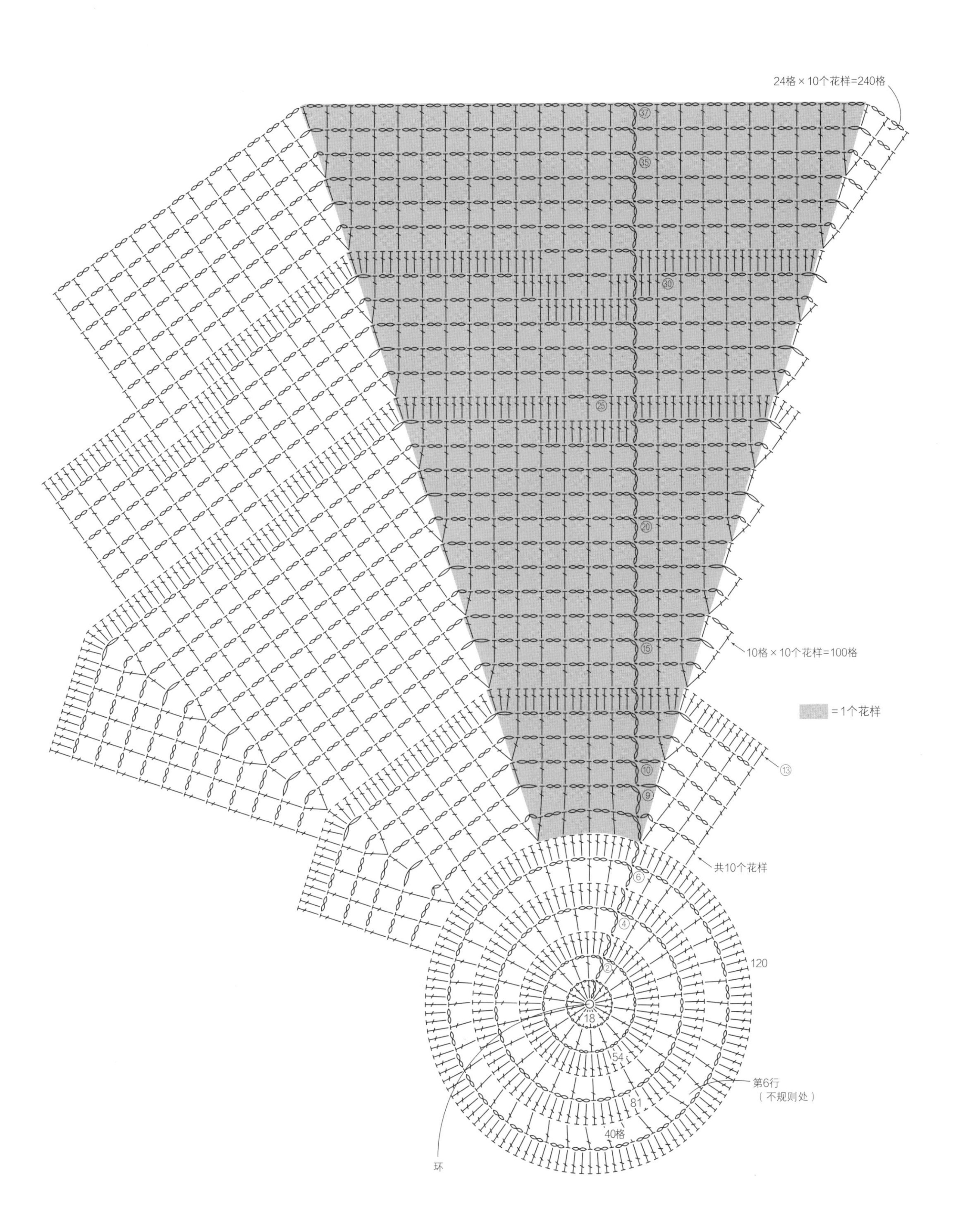

24格×10个花样=240格
37
35
30
25
20
15
10格×10个花样=100格
=1个花样
13
10
9
共10个花样
6
4
2
120
18
54
第6行
（不规则处）
81
40格
环

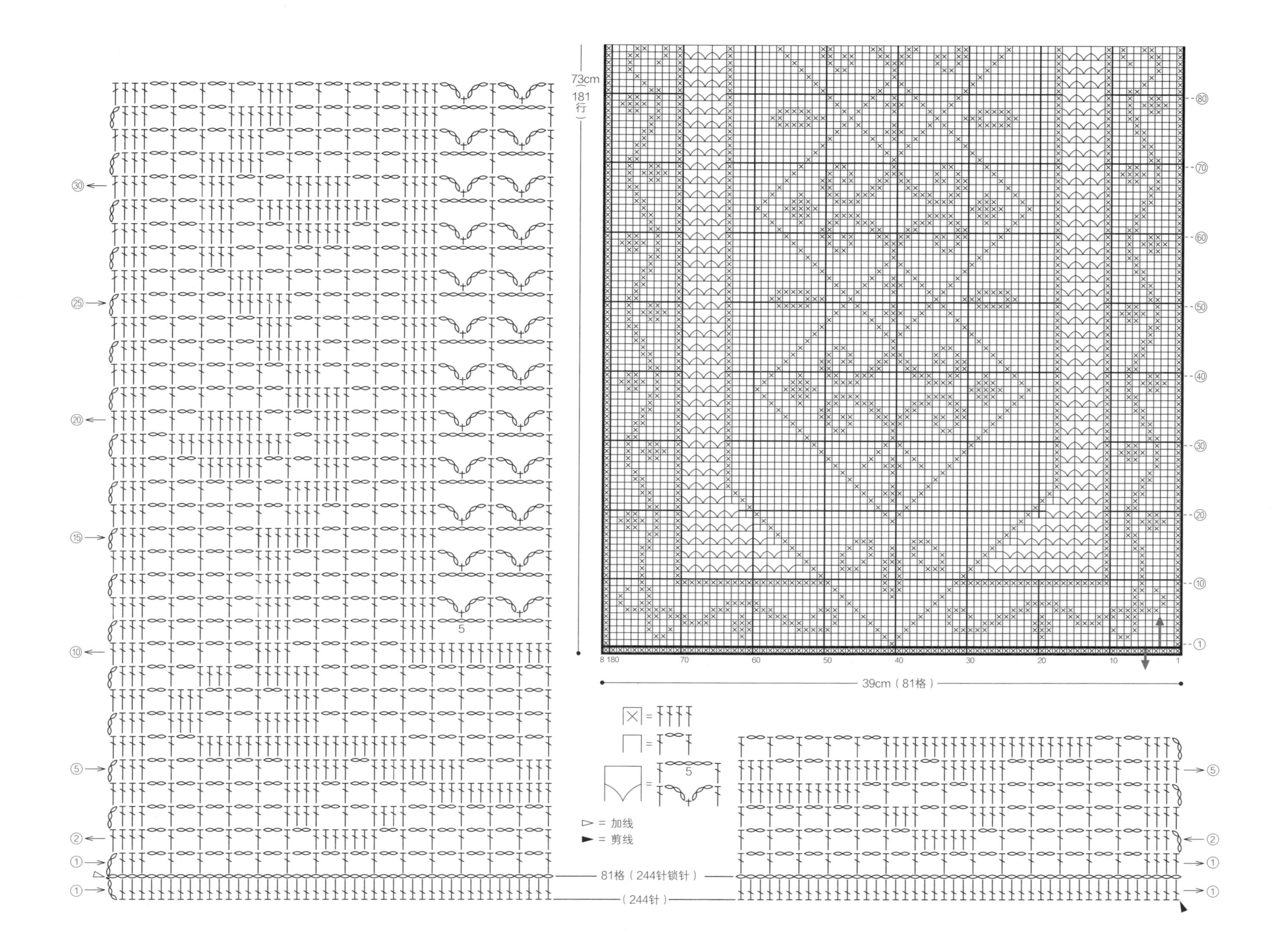
73cm (181行)
39cm (81格)
81格 (244针锁针)
(244针)
▷ = 加线
▶ = 剪线

19 p.36的作品

【材料和工具】

线…奥林巴斯 金票40号蕾丝线 白色（801）110g

针…蕾丝针8号

【成品尺寸】

73cm×39cm

【钩织要点】

锁针起针后，参照符号图钩织。钩织180行后，在起针锁针的另一侧挑针钩织1行长针。

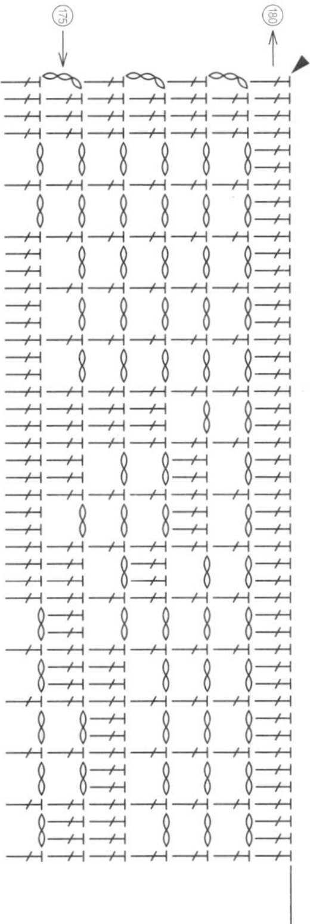

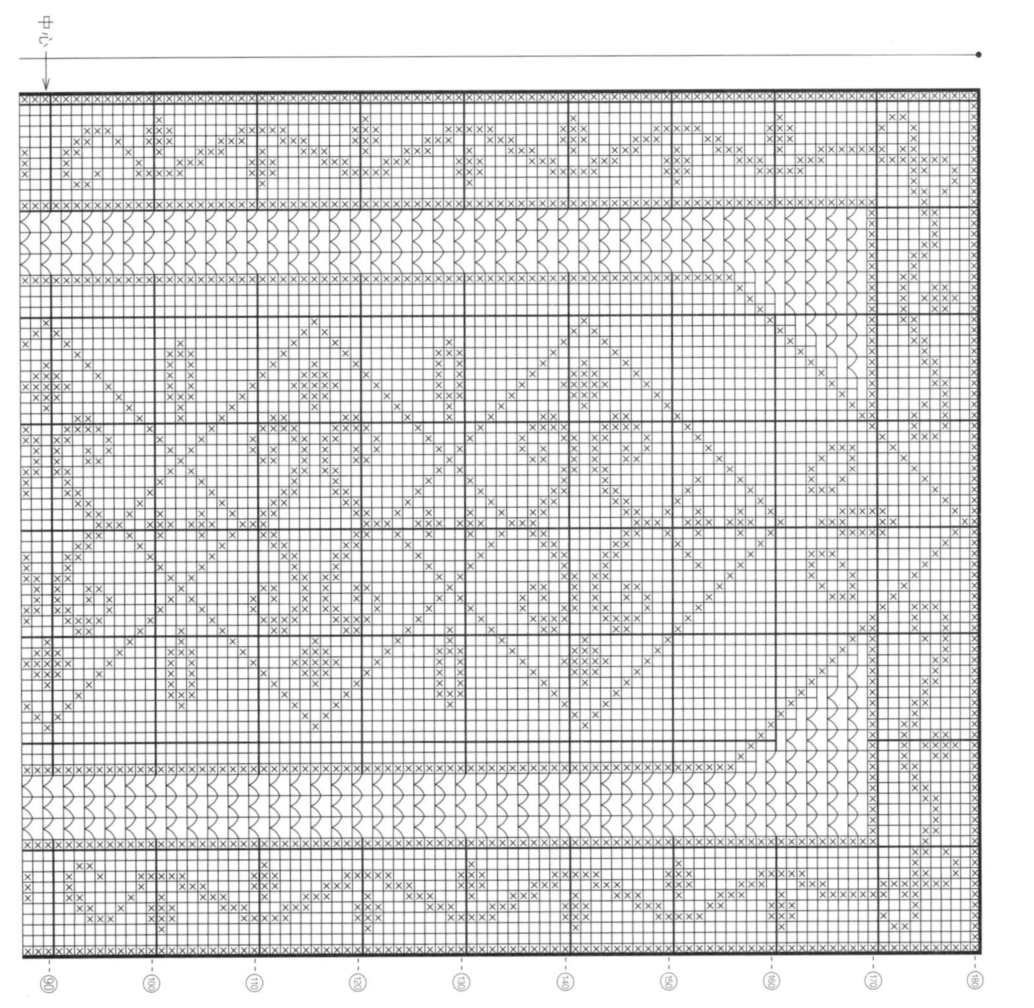

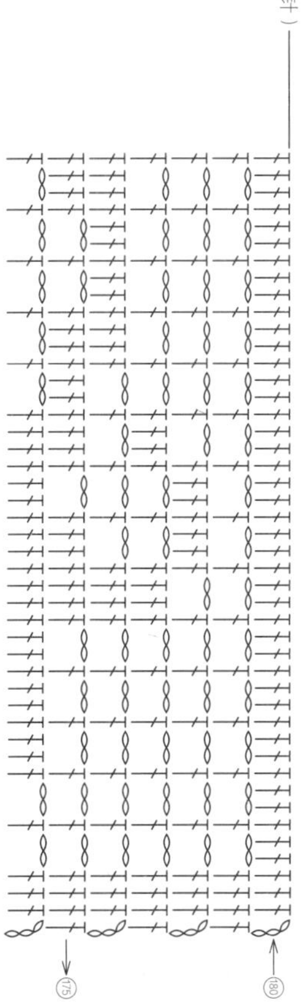

20 p.38的作品

【材料和工具】

线…奥林巴斯 金票40号蕾丝线 白色（801）240g
针…蕾丝针8号

【成品尺寸】

95cm×95cm

【钩织要点】

锁针起针后开始钩织。参照符号图钩织25行方眼花样，接着在花片周围钩织1行网眼花样。从第2片开始，一边钩织网眼花样一边与相邻花片连接。钩织并连接25片花片后，在四周钩织15行网眼花样。

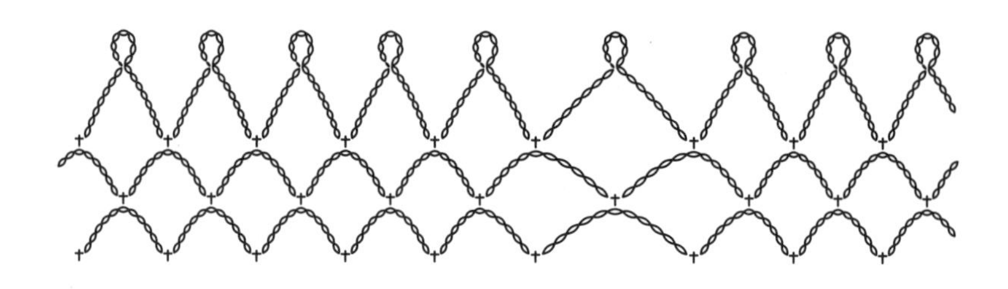

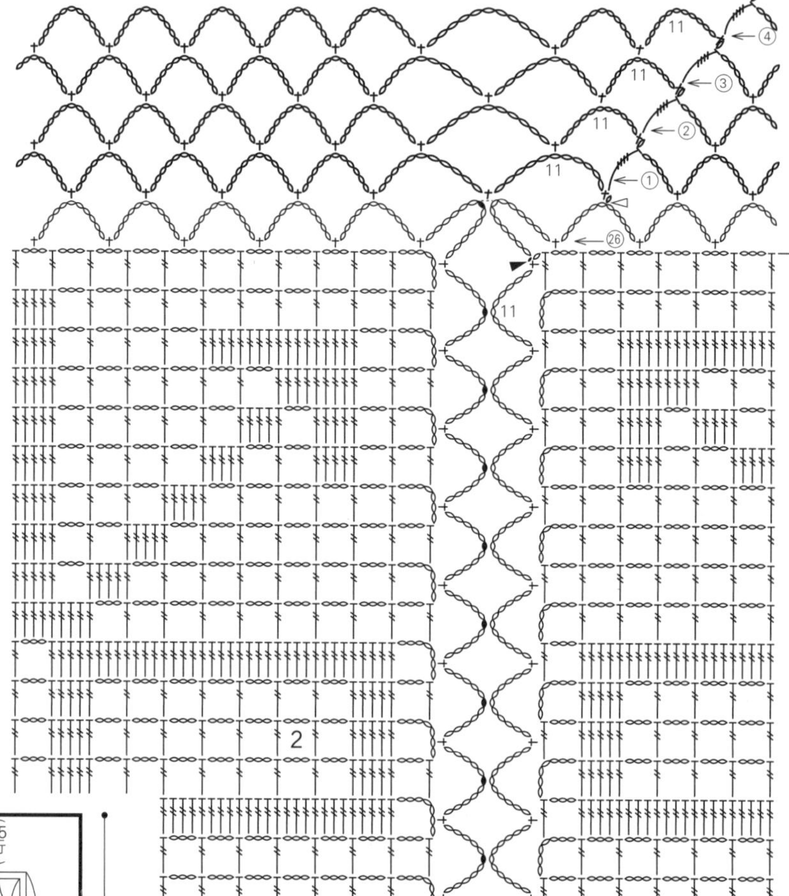

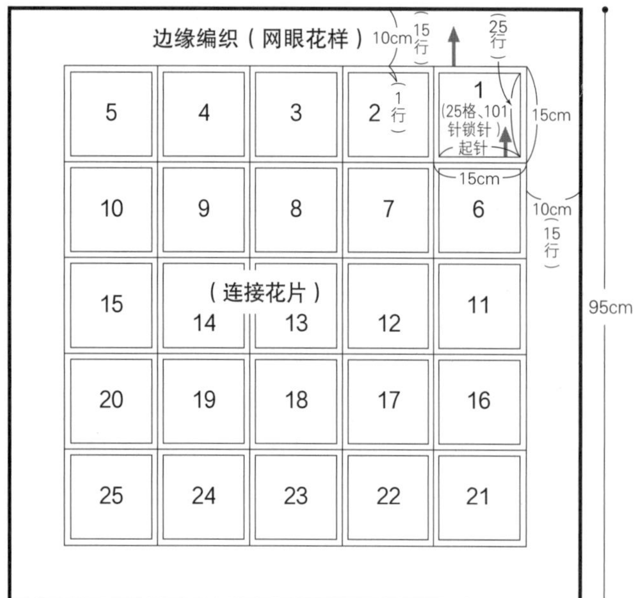

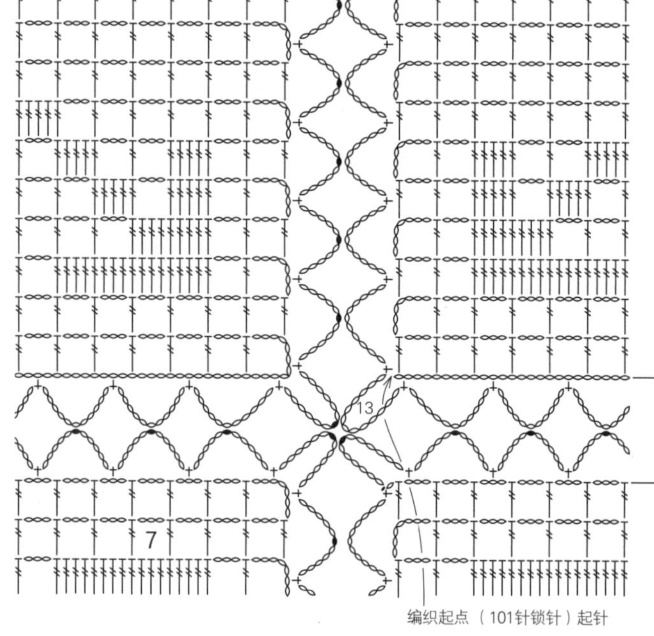

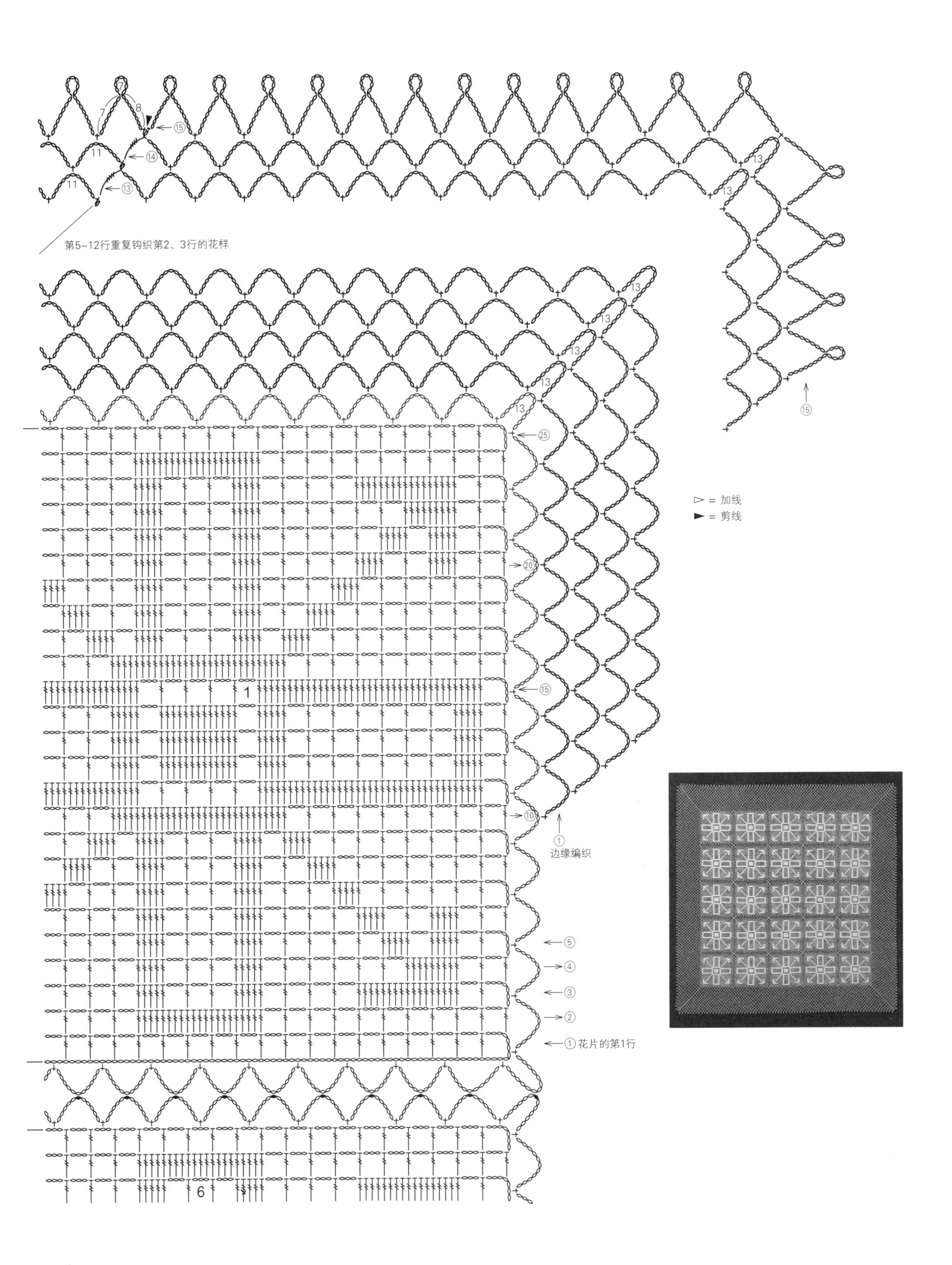
第5~12行重复钩织第2、3行的花样
⑮
⑭
⑬
11
11
7
7
8
13
13
13
13
13
13
13
⑮
⊳ = 加线
► = 剪线
㉕
⑳
⑮
1
⑩
① 边缘编织
⑤
④
③
②
① 花片的第1行
6

蕾丝钩织基础 *Basic Lace Technique*

起针

锁针起针

※方眼花样的第1行需要全部挑针时，起针的针目会被拉紧，最好使用大2号的蕾丝针起针。
（钩织方法说明中没有指定时，请根据实际需要替换针号）

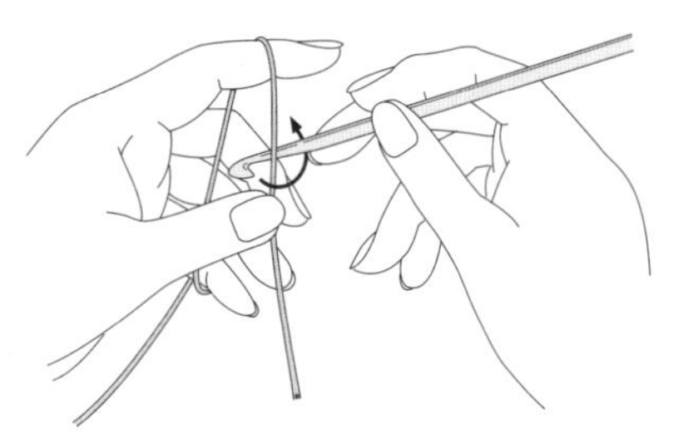

1 将蕾丝针放在线的后面，如箭头所示逆时针方向转动针头绕线。

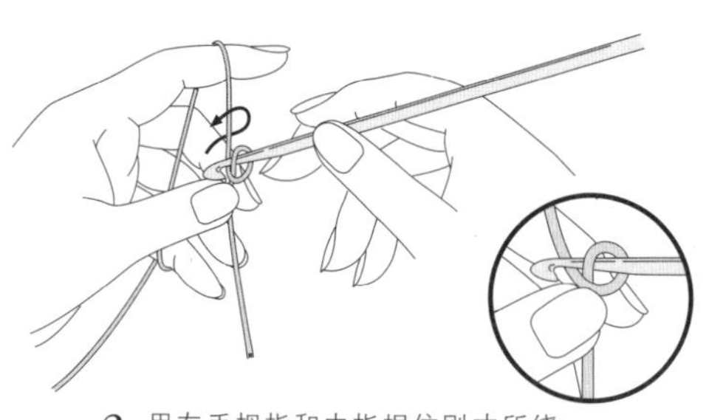

2 用左手拇指和中指捏住刚才所绕线圈的交叉处，右手就像用蕾丝针向外推线一样，在针头挂线。

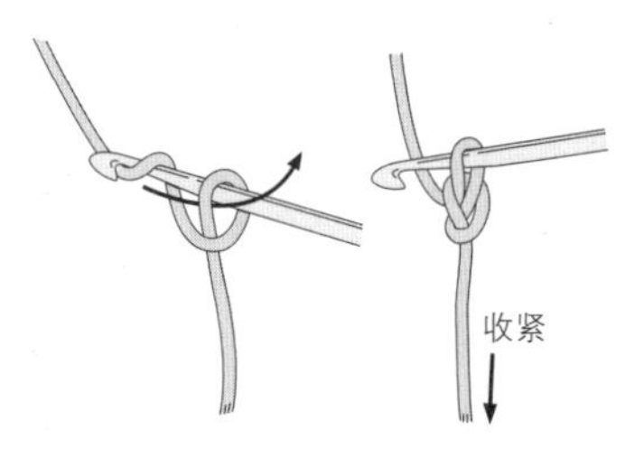

3 线从后往前挂在了蕾丝针上。将线从线圈中拉出，拉动线头收紧线圈。此针不计入针数。

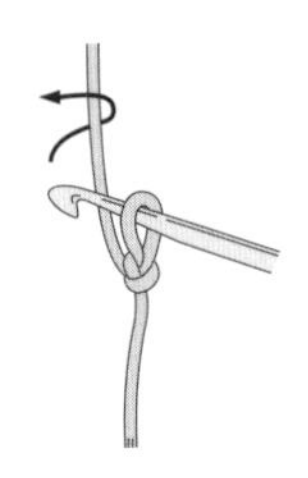

4 如箭头所示转动蕾丝针，在针头挂线。

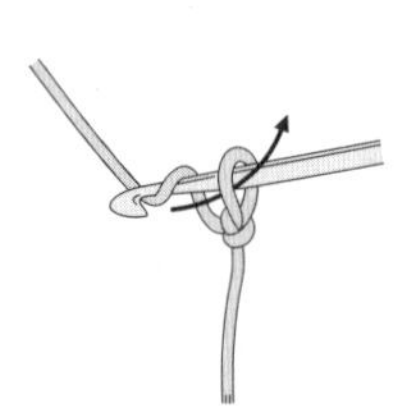

5 将线从线圈中拉出。

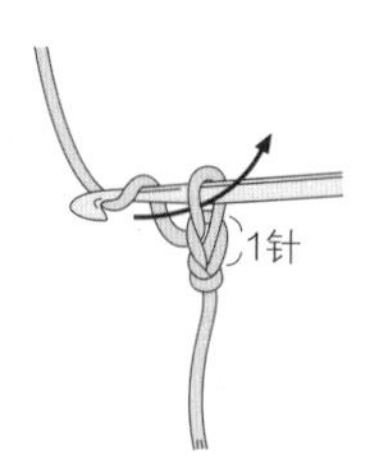

6 蕾丝针上线圈的下方完成了1针锁针。接下来，按相同要领挂线后拉出，继续钩织。

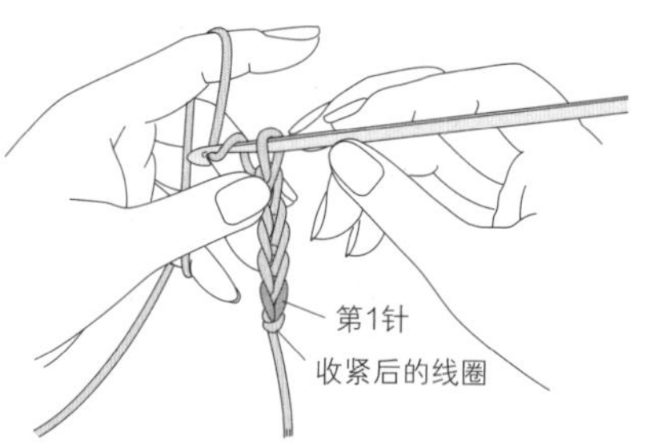

7 这是钩织完5针后的状态。连续钩织锁针时，每五六针调整一下左手捏线的位置，这样钩织出的锁针才会更加均匀整齐。

环 环形起针（用线头制作线环）

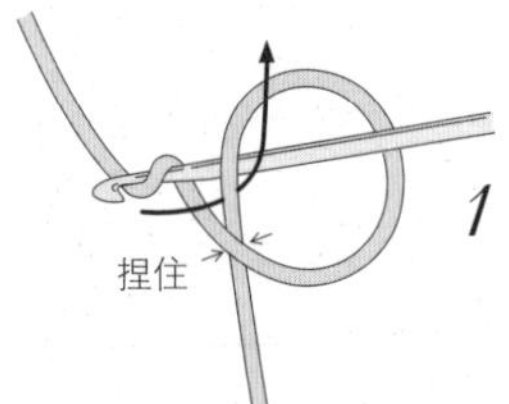

1 用线头制作线环，捏住线环的交叉处，针头挂线后拉出。

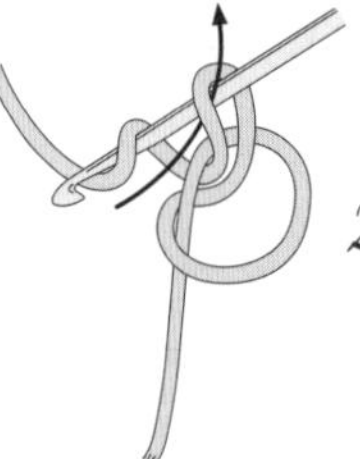

2 再次挂线后拉出。准备工作完成，此针不计入针数。

3 收紧最初的针目，接着从线环中挑针钩织第1行的针目。第1行完成后，拉动短线头收紧线环。

锁针环形起针（钩织锁针制作起针环）

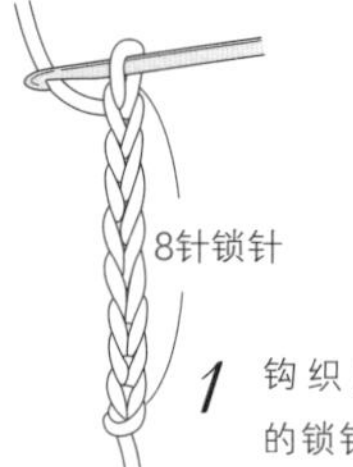

1 钩织所需数量的锁针。

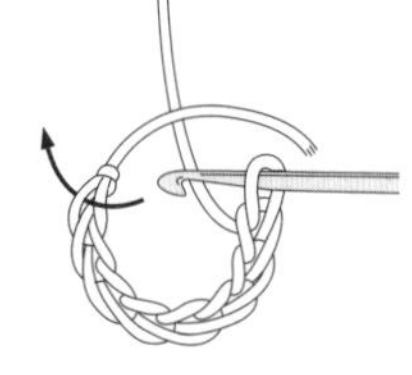

2 将钩织起点按顺时针方向拉过来，使锁针起针形成环形，接着在第1针锁针的外侧半针1根线里入针。

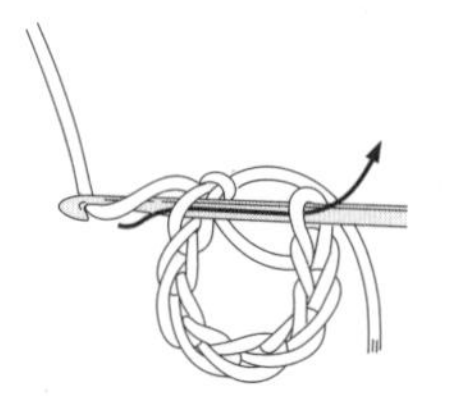

3 将线头留在右侧，直接在针头挂线引拔。

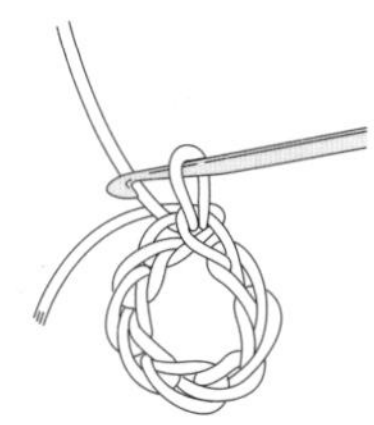

4 锁针环形起针（钩织锁针制作起针环）就完成了。

基础针法

引拔针

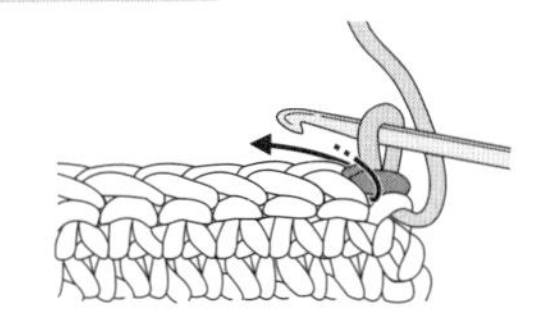

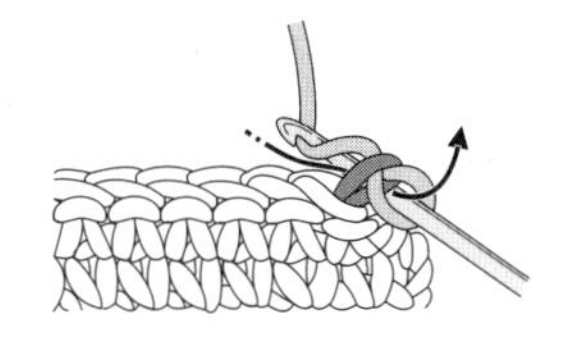

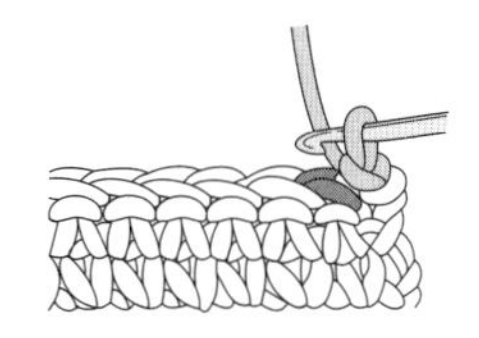

1 将编织线放在后面，如箭头所示入针。

2 针头挂线，如箭头所示将线拉出。

3 引拔针就完成了。

短针

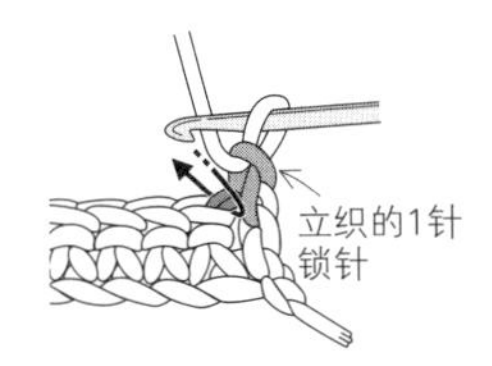

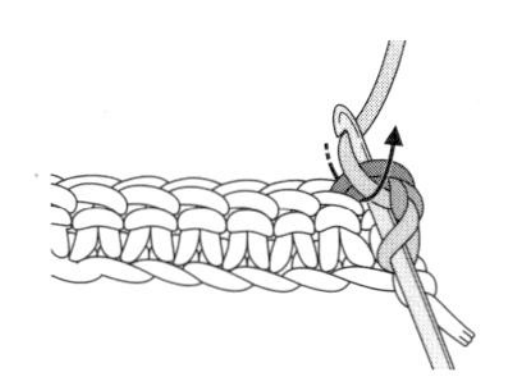

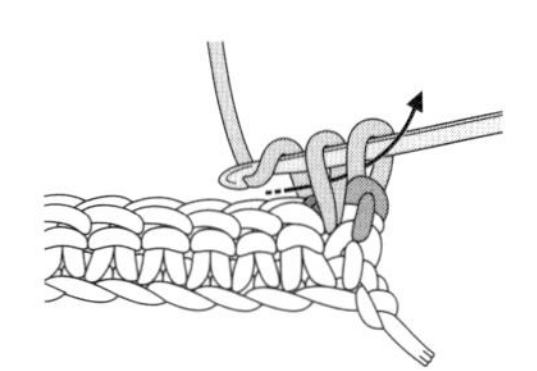

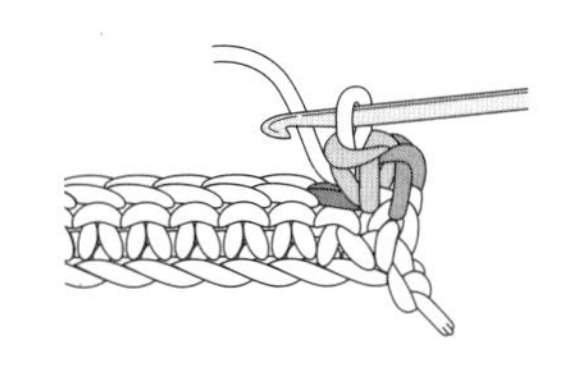

1 在前一行针目的头部入针。一行的起点要从立织的1针锁针的同一个针目里挑针。

2 针头挂线，如箭头所示拉出。

3 针头再次挂线，一次性引拔穿过针上的2个线圈。

4 短针就完成了。

中长针

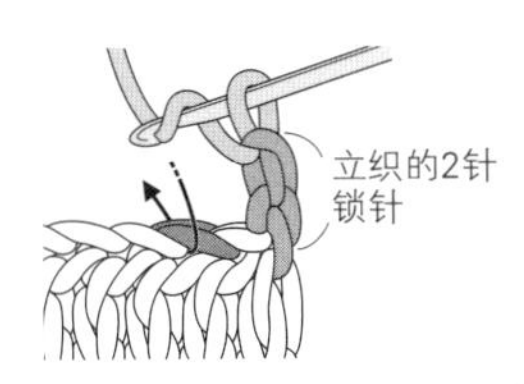

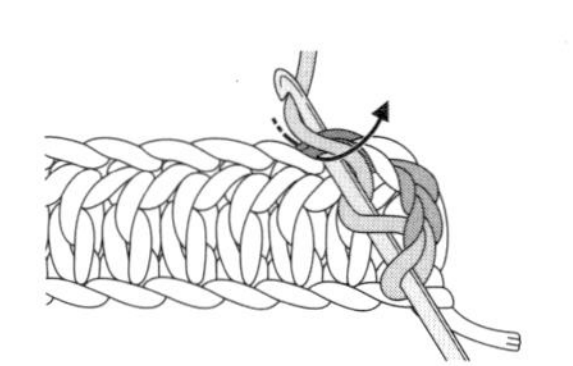

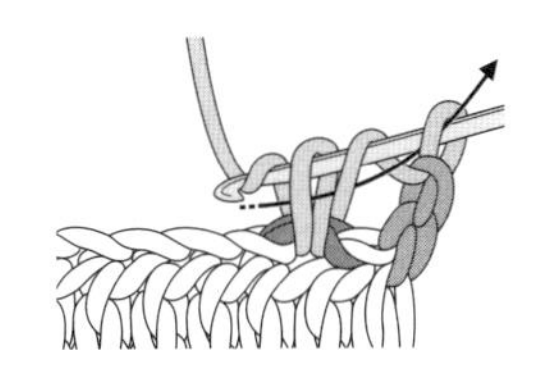

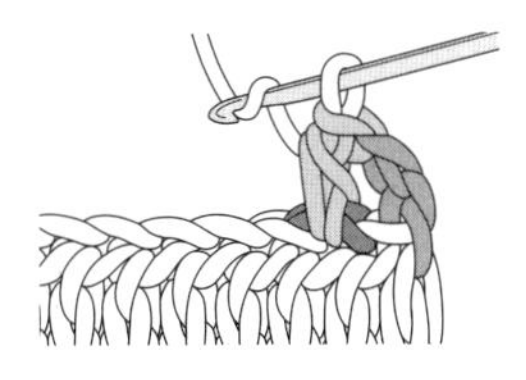

1 针头挂线，在前一行针目的头部入针。

2 针头挂线后拉出。

3 针头再次挂线，一次性引拔穿过针上的3个线圈。

4 中长针就完成了。

长针

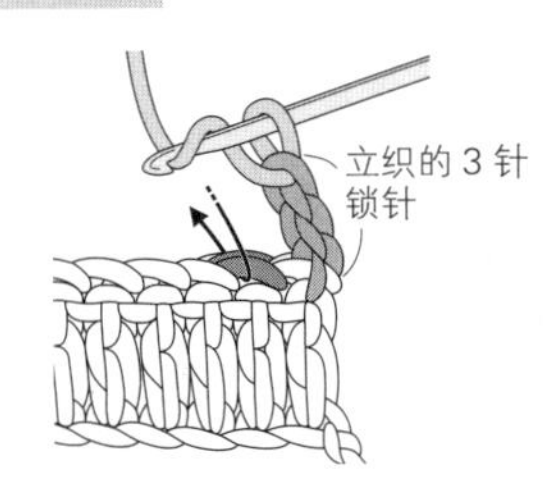

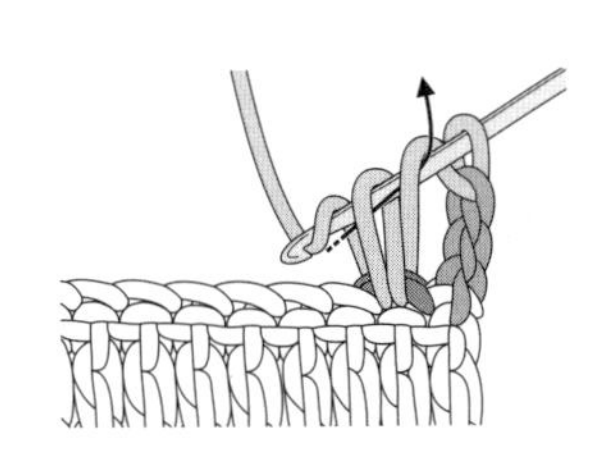

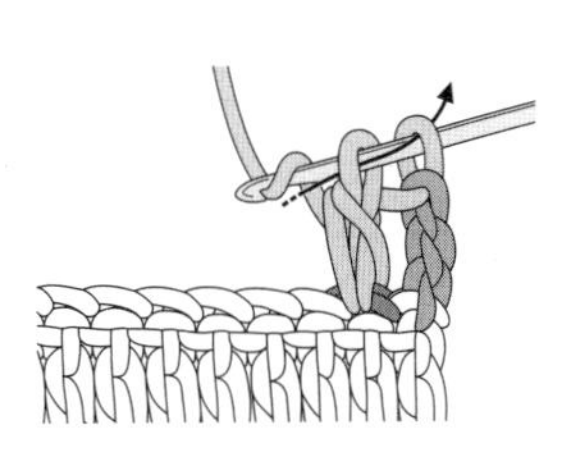

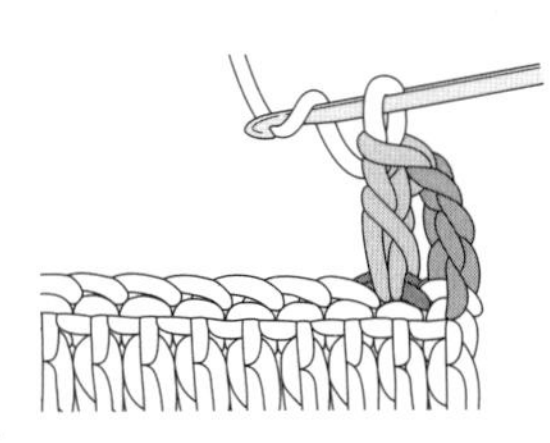

1 针头挂线，在前一行针目的头部入针。

2 针头挂线后拉出。再次挂线，一次性引拔穿过针头的2个线圈。

3 再次挂线，一次性引拔穿过剩下的2个线圈。

4 长针就完成了。

长长针

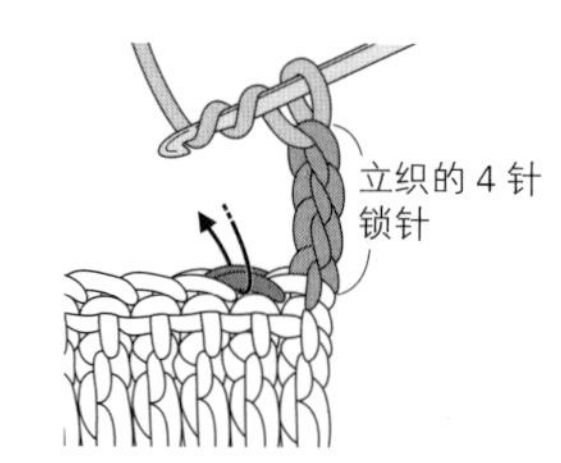

1 在针上绕2圈线，在前一行针目的头部入针。

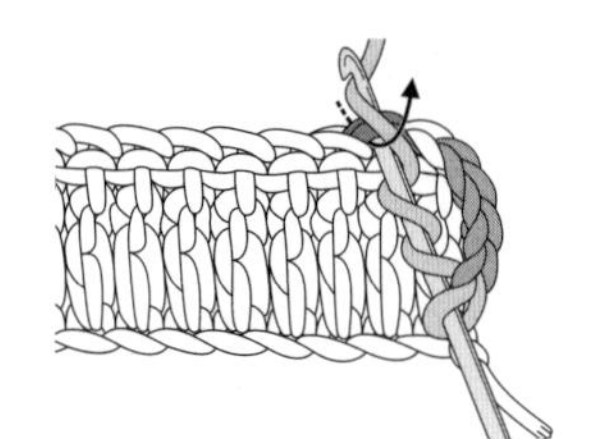

2 针头挂线后拉出。

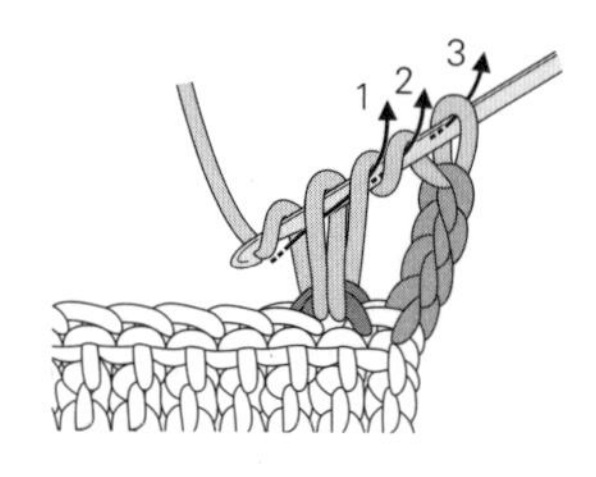

3 重复3次“挂线，一次性引拔穿过针头的2个线圈”。

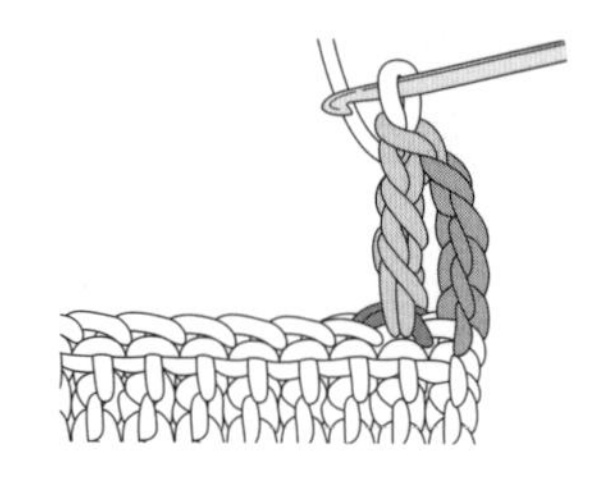

4 长长针就完成了。

3卷长针

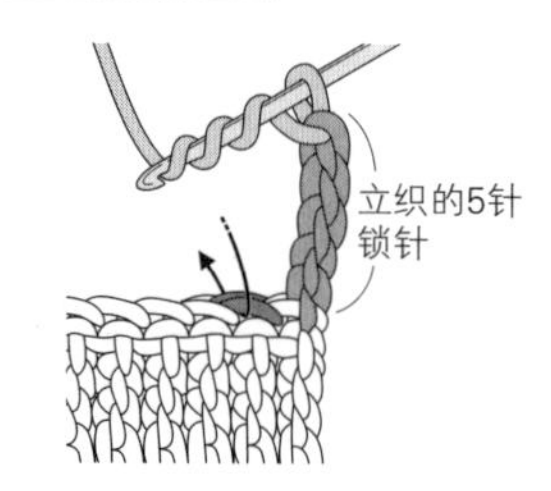

1 在针上绕3圈线，在前一行针目的头部入针。

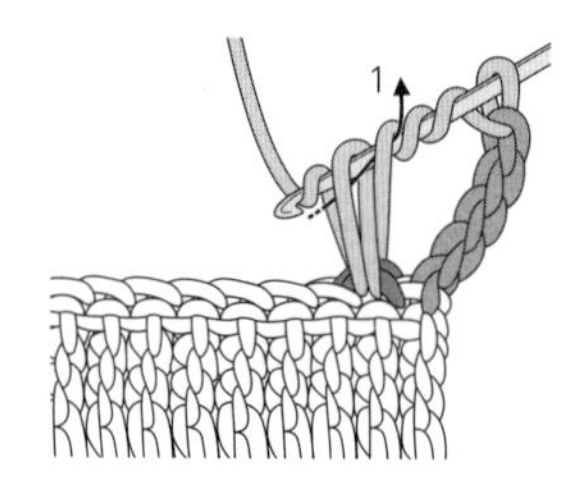

2 针头挂线后拉出。再次挂线，一次性引拔穿过针头的2个线圈。

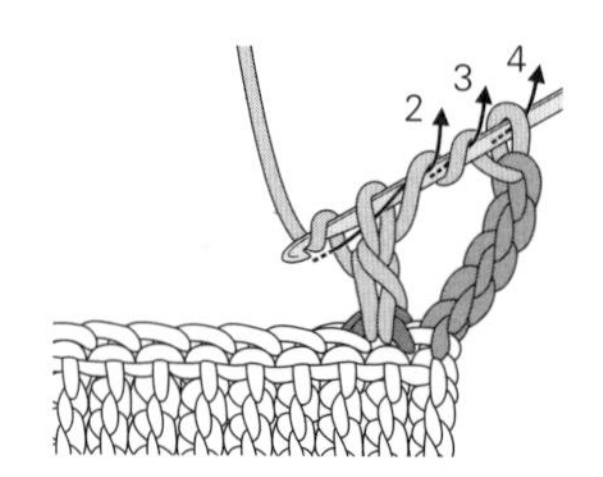

3 重复3次“挂线，一次性引拔穿过针头的2个线圈”。

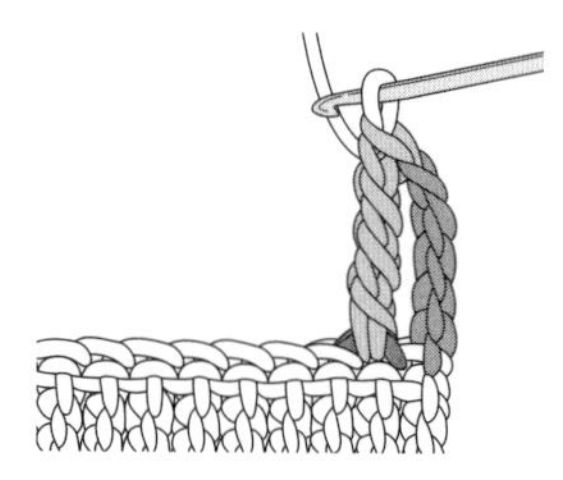

4 3卷长针就完成了。

4卷长针

长针符号上每增加1条斜线，在开始时就多绕1圈线，再按相同要领钩织。

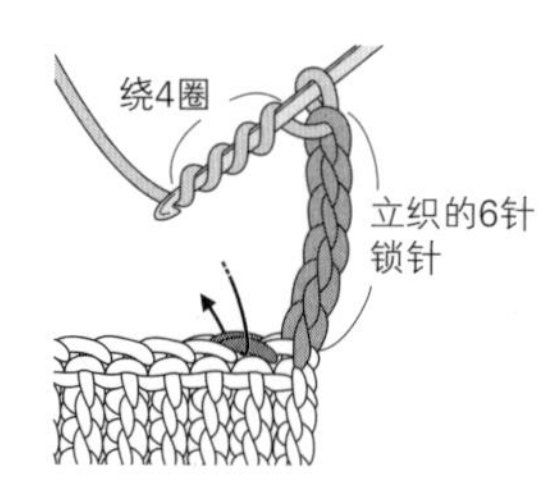

1 在针上绕4圈线，在前一行针目的头部入针。

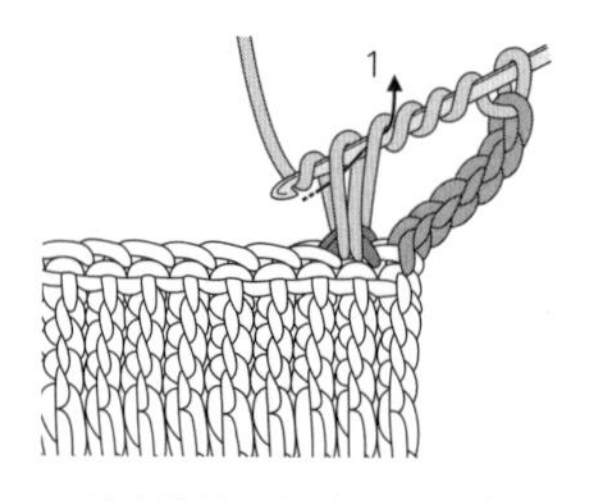

2 针头挂线后拉出。再次挂线，一次性引拔穿过针头的2个线圈。

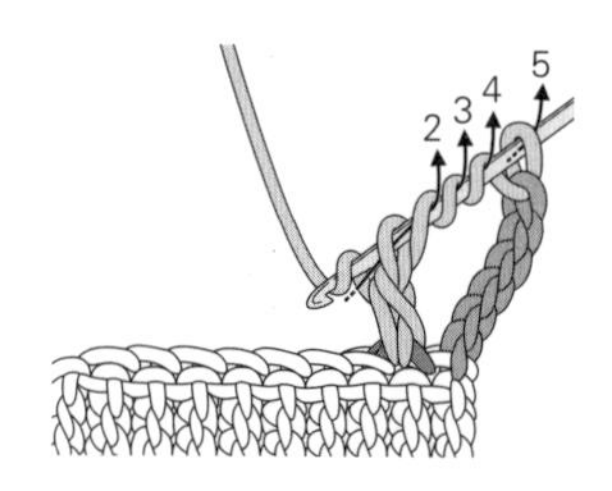

3 重复4次“挂线，一次性引拔穿过针头的2个线圈”。

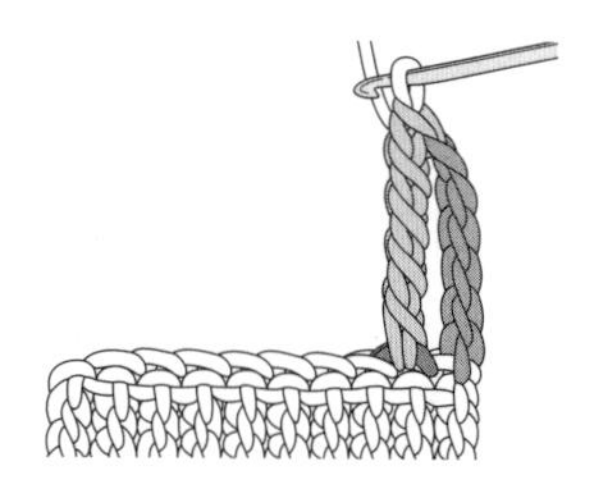

4 4卷长针就完成了。

Y字针

先钩织长长针，再像分支一样从针目的中间挑针钩织长针。

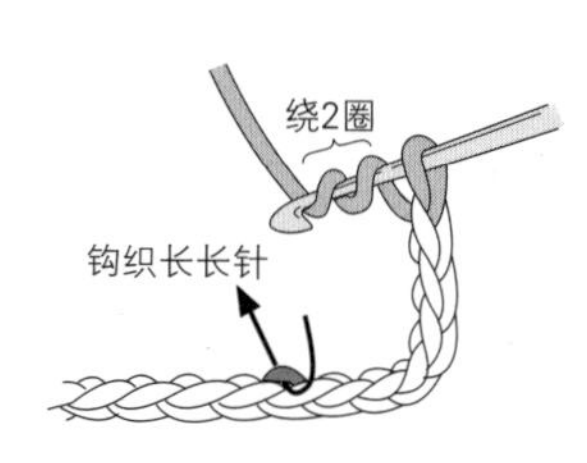

1 在针上绕2圈线，在指定位置入针，钩织长长针。

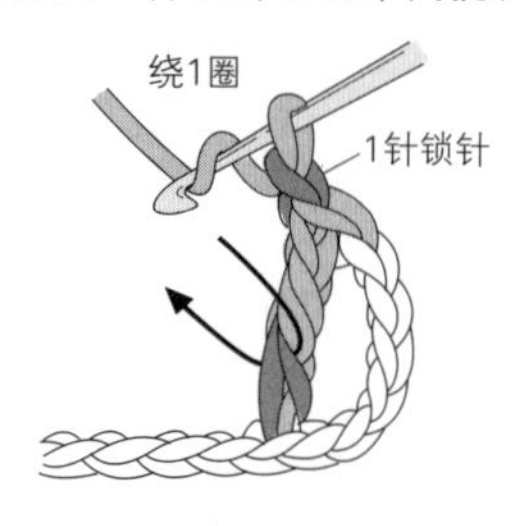

2 中间钩织1针锁针，接着在针头挂线，在长长针最下方的根部2根线里入针。

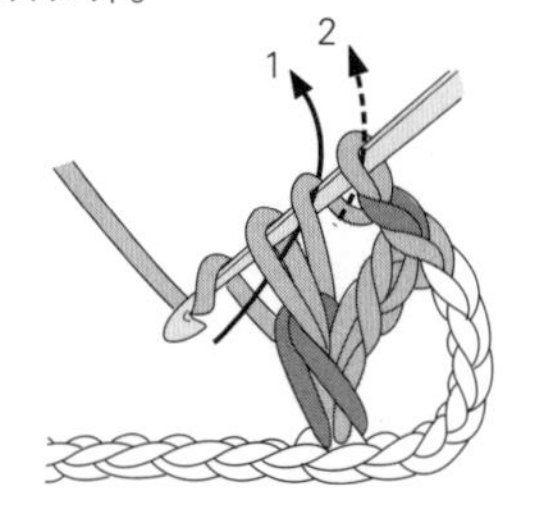

3 针头挂线后拉出，钩织长针。

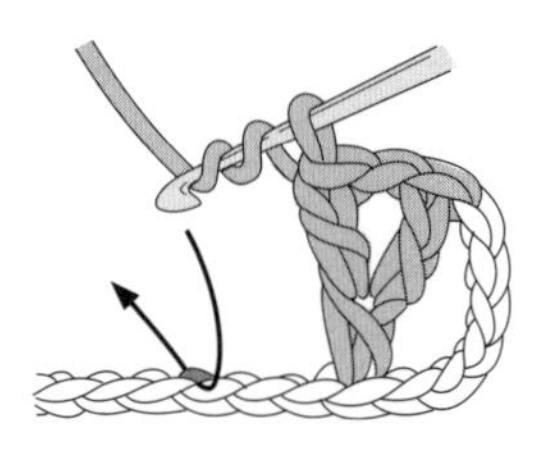

4 Y字针就完成了。

倒Y字针

看上去就像在“2针长针并1针”的上面钩织长针。

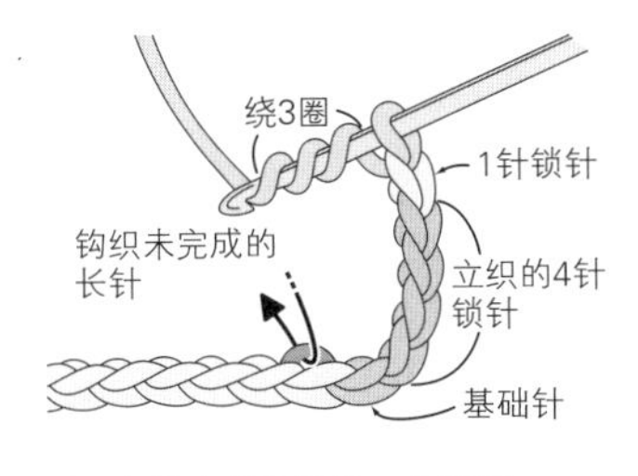

1 在针上绕3圈线，在锁针的里山入针。

2 挂线，钩织未完成的长针。

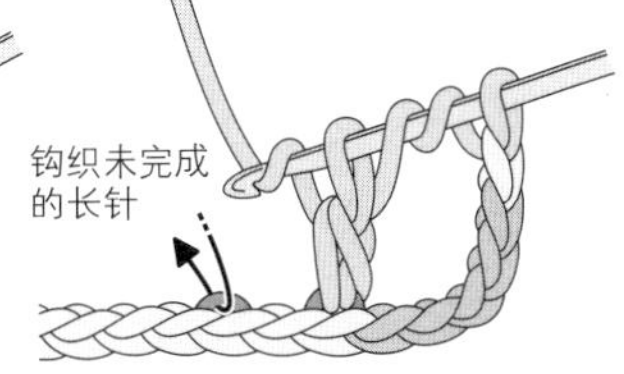

3 针头再次挂线，在箭头所示针目里入针。

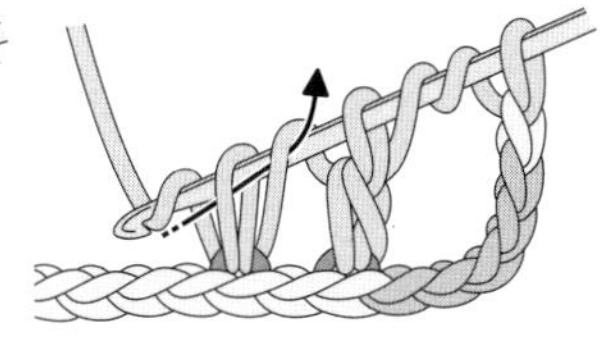

4 钩织未完成的长针。

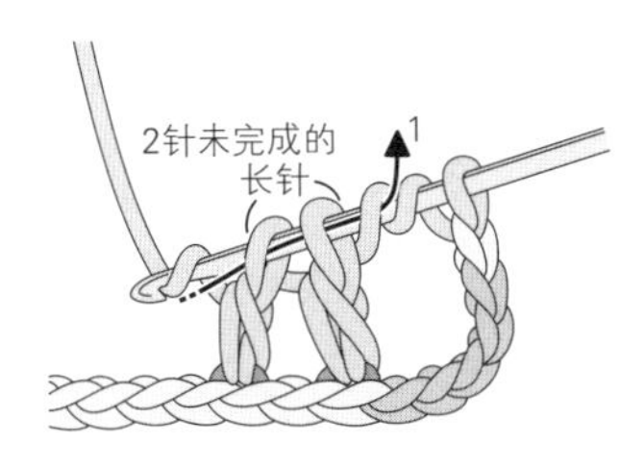

5 挂线，一次性引拔穿过针头的3个线圈。

6 挂线，依次一次性引拔穿过2个线圈。

7 倒Y字针就完成了。

长针的十字针（中间2针锁针）

看上去就像在“2针长针并1针”的上面钩织Y字针。

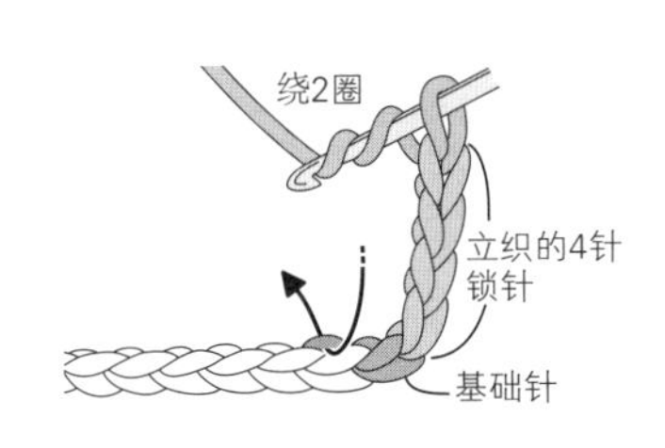

1 在针上绕2圈线，在锁针的里山入针。

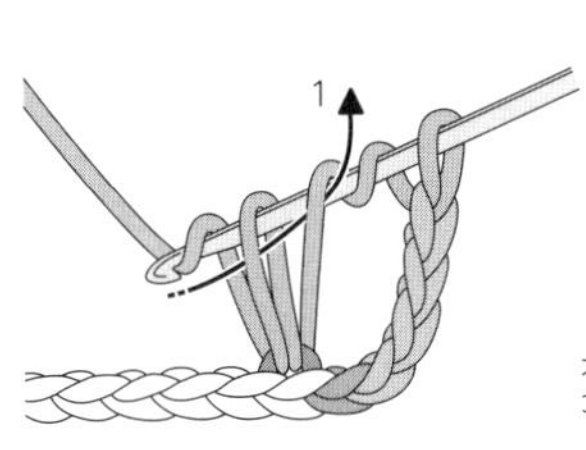

2 钩织未完成的长针。

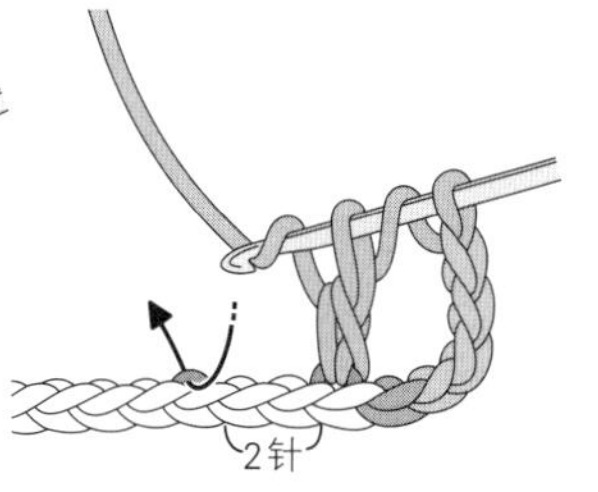

3 再次挂线，在箭头所示的针目里入针，钩织未完成的长针。

4 挂线，一次性引拔穿过针头的2个线圈（2针未完成的长针）。

5 挂线，依次一次性引拔穿过2个线圈。

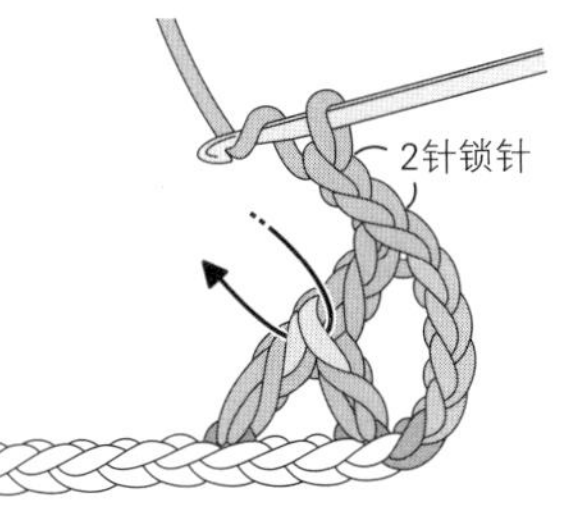

6 中间钩织2针锁针。接着针头挂线，如箭头所示在2根线里入针，挂线后拉出。

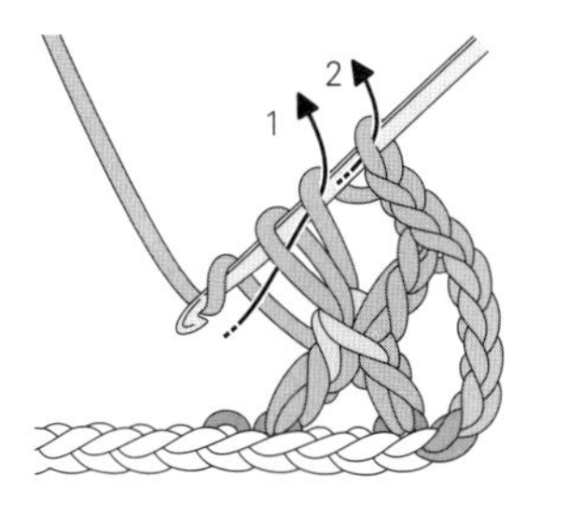

7 再次挂线，依次一次性引拔穿过2个线圈。

8 长针的十字针（中间2针锁针）就完成了。

5针长针的带脚枣形针

看上去就像在"5针长针的枣形针"上面钩织长针。

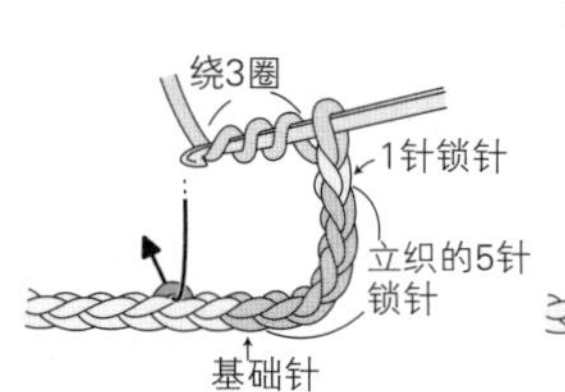

1 在针上绕3圈线，在锁针的里山入针。

2 钩织未完成的长针，在同一个针目里再钩织4针未完成的长针。

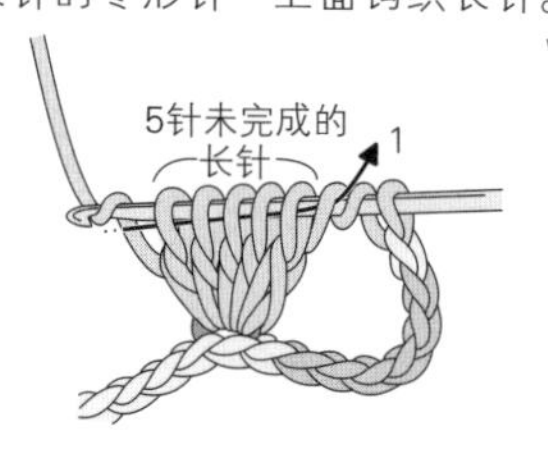

3 挂线，一次性引拔穿过针头的6个线圈。

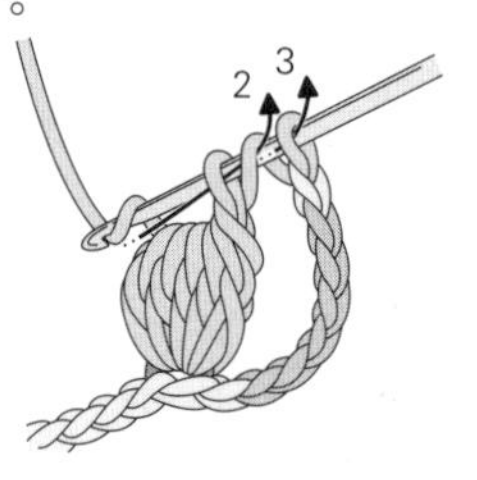

4 再次挂线后引拔2次，依次穿过2个线圈。

5 5针长针的带脚枣形针就完成了。

5针长针的爆米花针

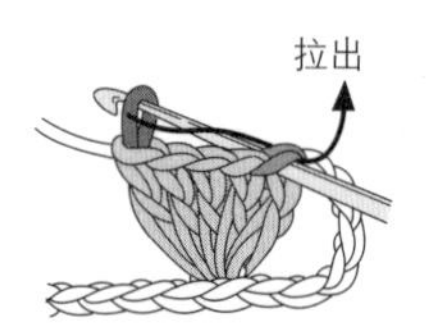

1 在同一个针目里钩织5针长针，暂时取下蕾丝针。从前面将蕾丝针插入右端长针的头部，再将刚才取下的针目穿回针上拉至前面。

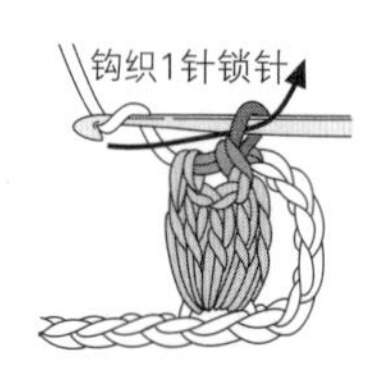

2 拉出后，针头再次挂线，钩织1针锁针收紧针目。

3 5针长针的爆米花针就完成了。

整段挑针钩织

不在针目里挑针，而是在针目间的空隙里入针挑针时，叫作"整段挑针钩织"。符号图的根部为分开状态时，就表示要整段挑针钩织。

5针长针的爆米花针

在针目里挑针钩织　整段挑针钩织

3针锁针的狗牙拉针（在短针上钩织）

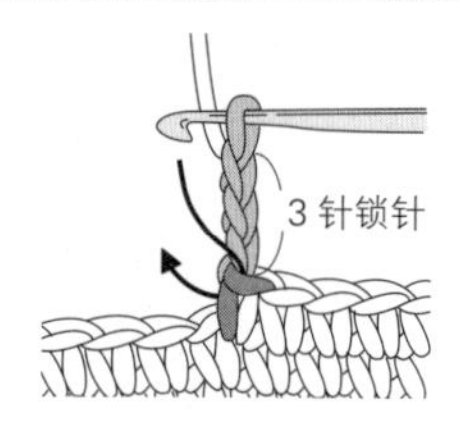

1 在短针后面接着钩织3针锁针，如箭头所示在短针头部的前面半针和根部的左侧1根线里入针。

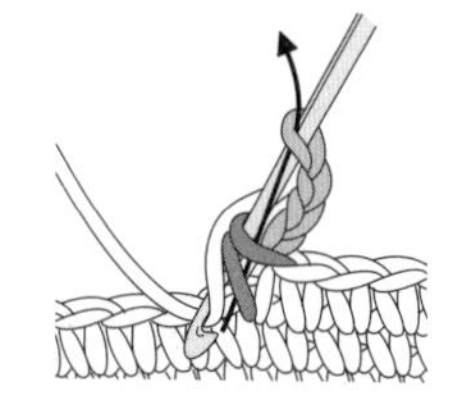

2 针头挂线，如箭头所示一次性引拔出。

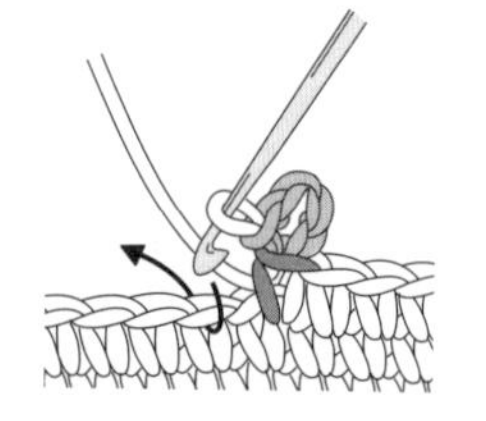

3 3针锁针的狗牙拉针（在短针上钩织）就完成了。

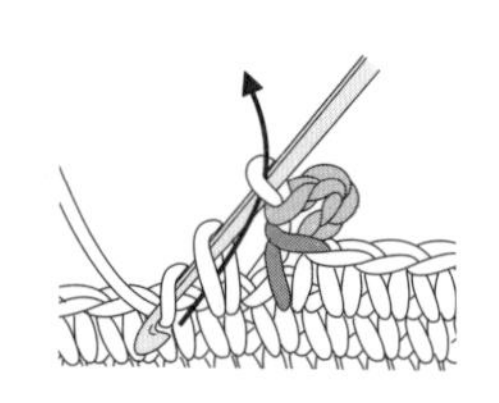

4 钩织下个针目后，狗牙拉针就固定下来了。

3针锁针的狗牙拉针（在锁针上钩织）

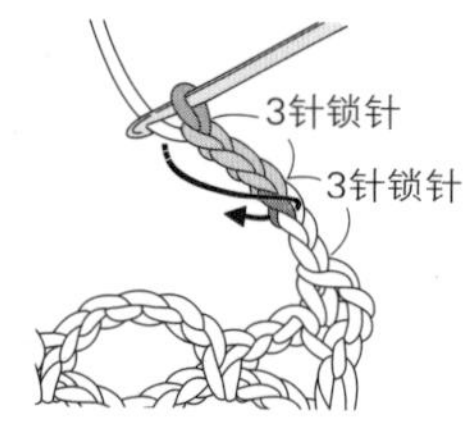

1 在锁针后面接着钩织狗牙针部分的3针锁针，如箭头所示，在狗牙针前一针锁针的半针和里山共2根线里入针。

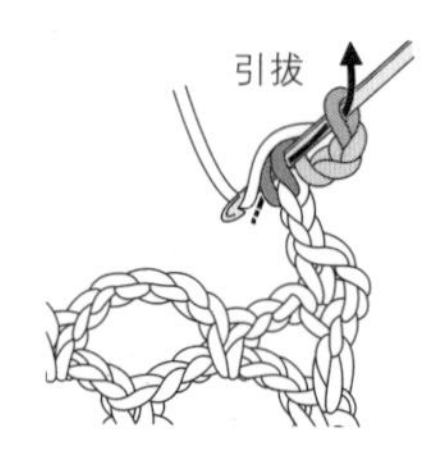

2 针头挂线，如箭头所示一次性引拔出。

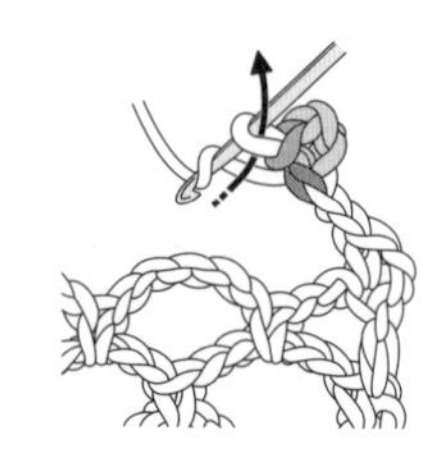

3 3针锁针的狗牙拉针（在锁针上钩织）就完成了。

4 接着钩织锁针。

花片的连接方法

用引拔针连接花片

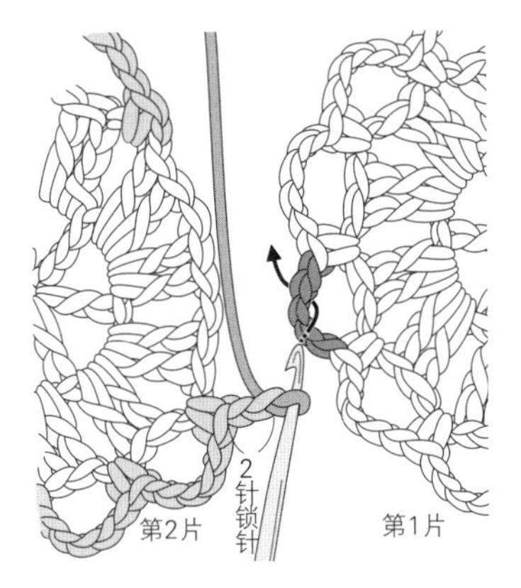

1 先钩织连接位置前的锁针，然后从上方将蕾丝针插入第1片花片的锁针链上，整段挑针。

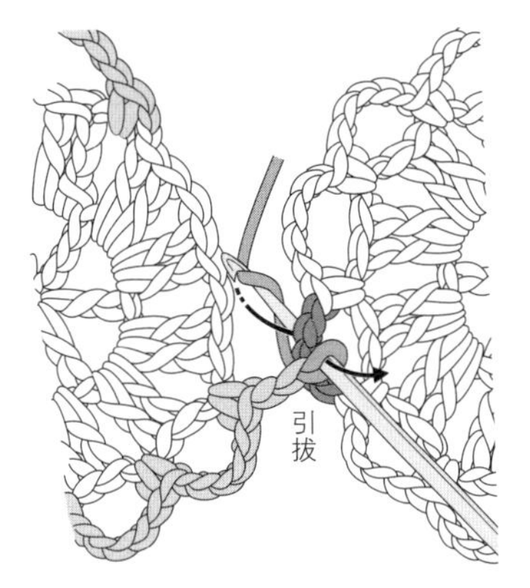

2 针头挂线后引拔。

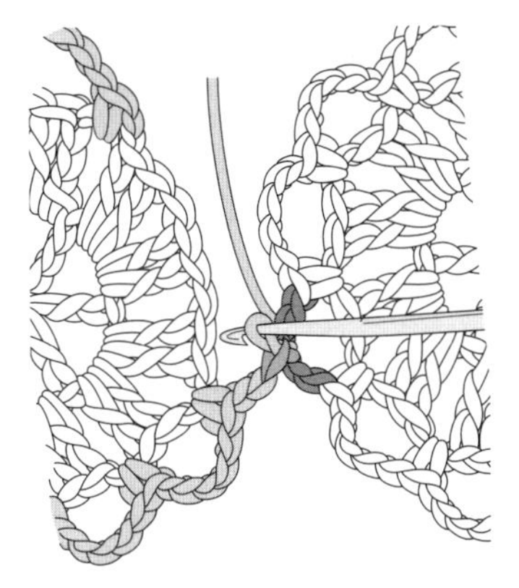

3 引拔后的状态。用引拔针连接花片就完成了。

在转角处连接4片花片

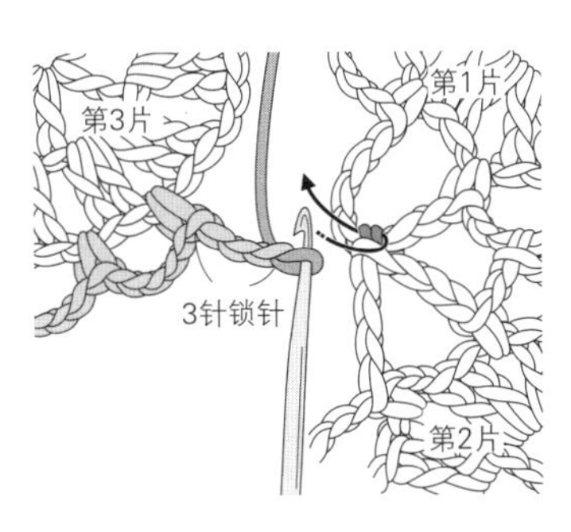

1 先钩织第3片花片连接位置前的锁针，然后从上方将蕾丝针插入第2片花片连接处引拔针的根部2根线里。

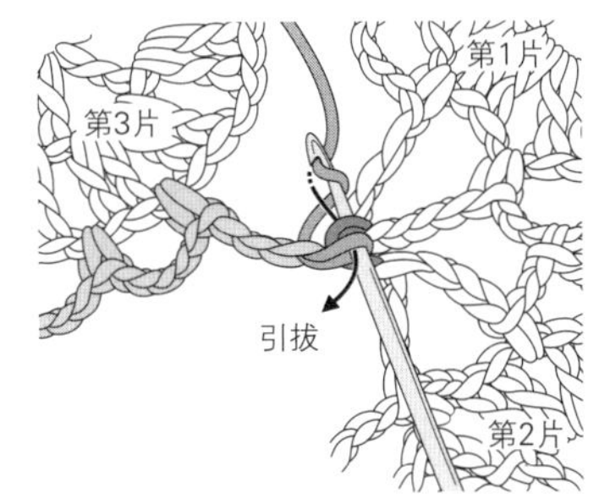

2 针头挂线后引拔。

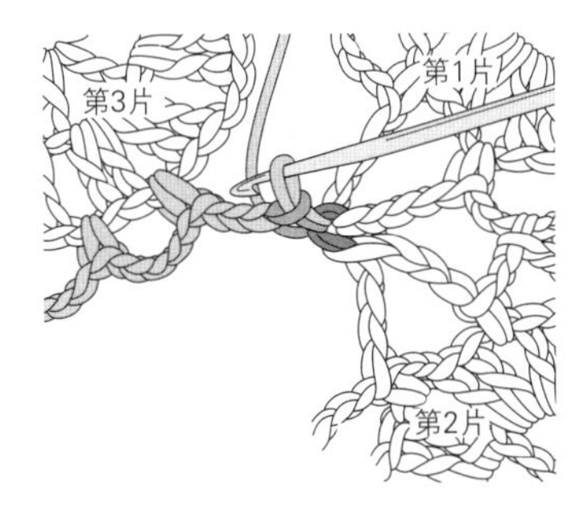

3 引拔后的状态。继续钩织第3片花片。

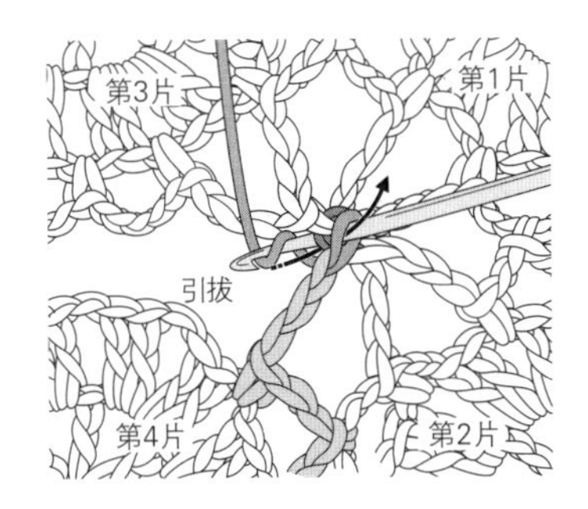

4 第4片花片也一样，从上方将蕾丝针插入第2片花片连接处引拔针的根部2根线里（与步骤1中的位置相同），针头挂线后引拔。

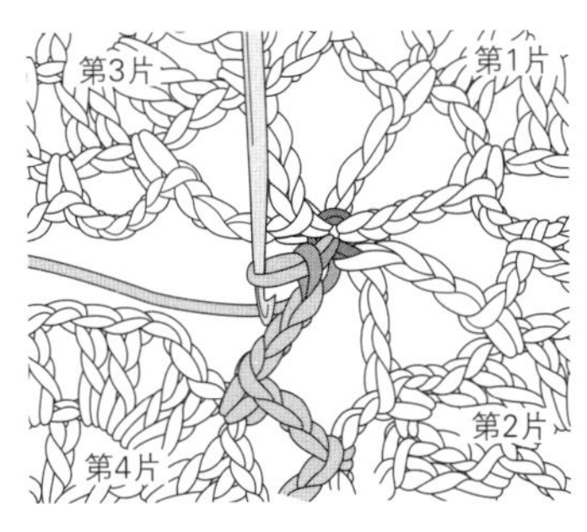

5 引拔后的状态。至此，4片花片在转角处连接在了一起。继续钩织第4片花片。

方眼花样的钩织要点

的钩织方法

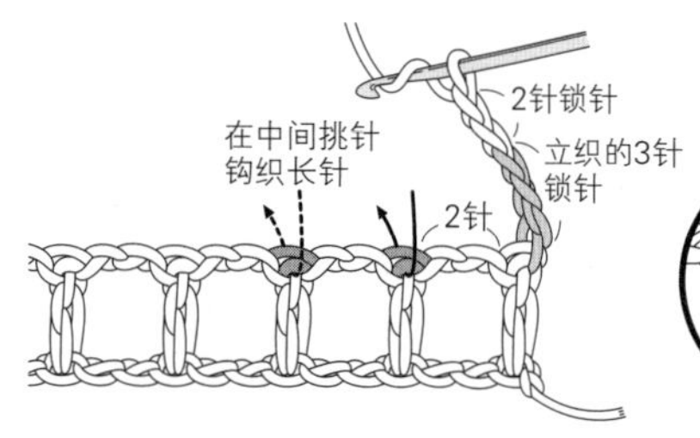

1 这是重复钩织“1针长针、2针锁针”的花样。从第2行开始，如箭头所示在长针的中间挑针钩织长针（参照p.41）。

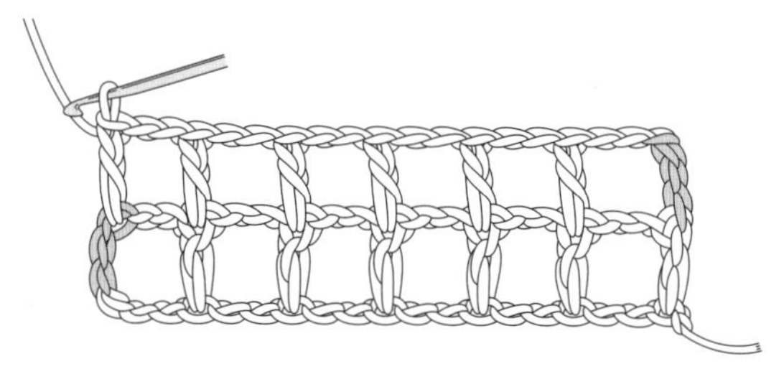

2 第2行完成后的状态。这样钩织的长针纵向非常整齐。

的钩织方法

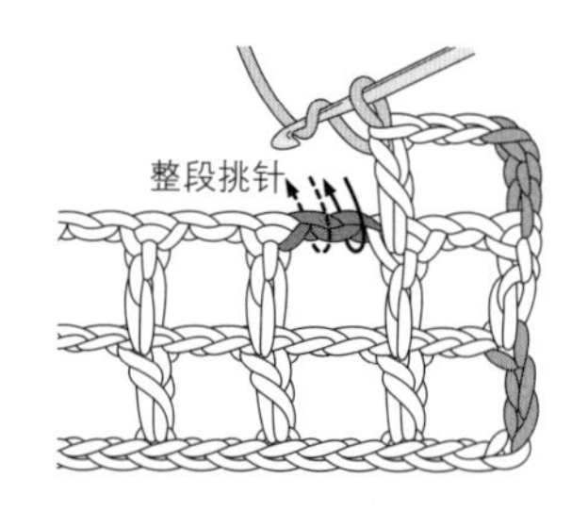

1 图案部分（╳）是在前一行方格的锁针上整段挑针钩织2针长针，即用长针填充方格。

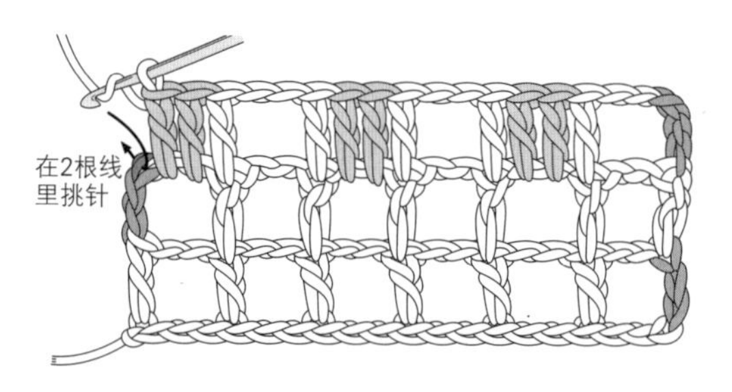

2 左端的最后一针是在前一行立织的第3针锁针的外侧半针和里山共2根线里挑针钩织。

的钩织方法

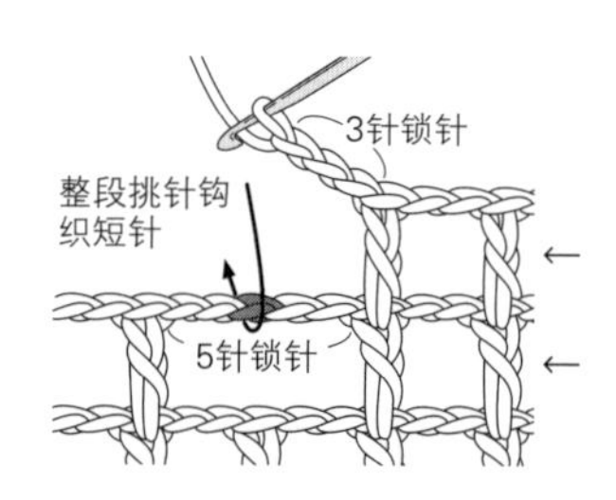

1 在连续2格的空间要钩织5针锁针。下一行先钩织3针锁针，然后在前一行5针锁针的中间整段挑针钩织短针。

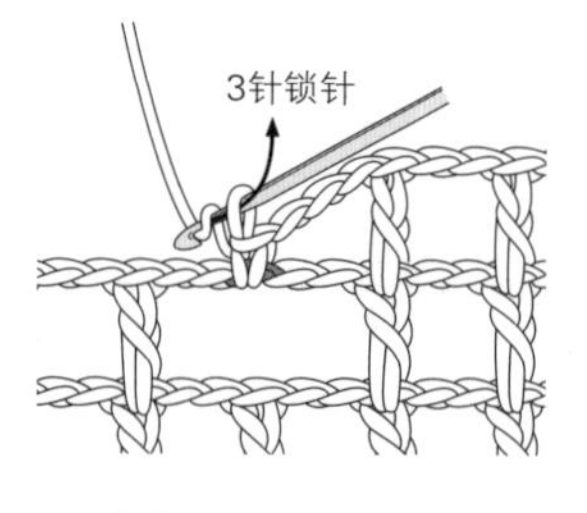

2 接着钩织3针锁针。

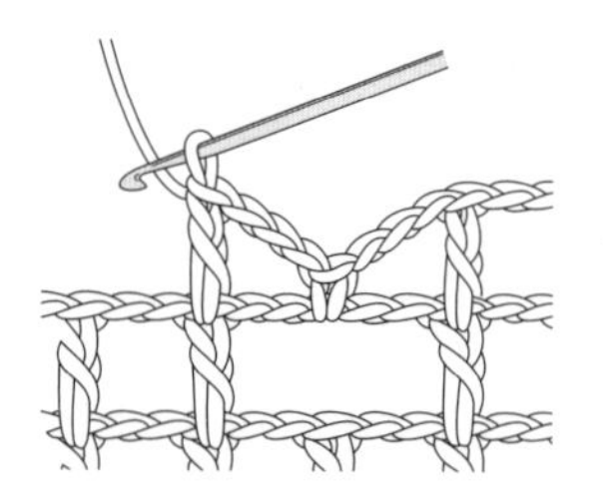

3 再钩织1针长针后就完成了。

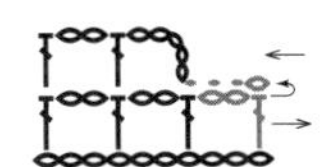

在一行的起点减少1格的方法（锁针方格）

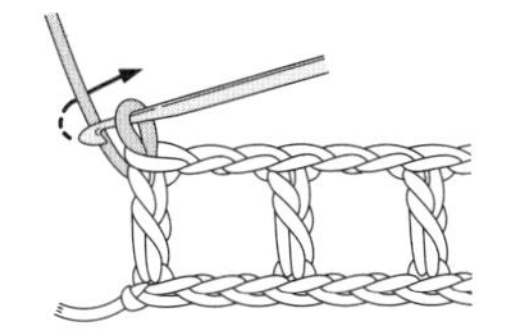

1 钩织至一行的末端后，接着钩织1针锁针。

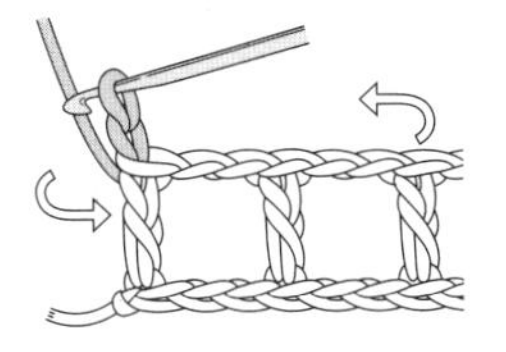

2 如图所示翻转织物。

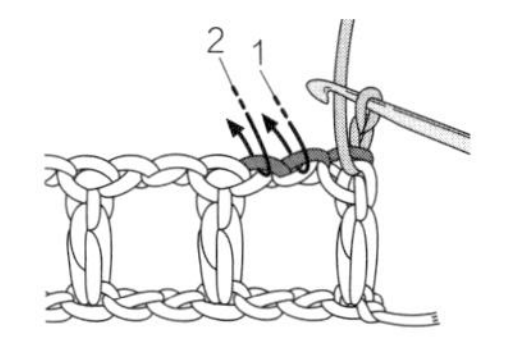

3 如箭头所示，在锁针上呈八字形的2根线里依次入针，分别挂线后引拔。

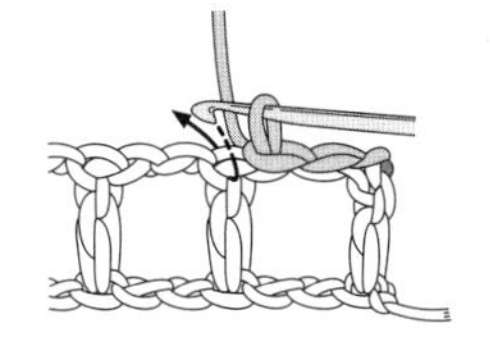

4 长针上的引拔针是在头部中间入针引拔。

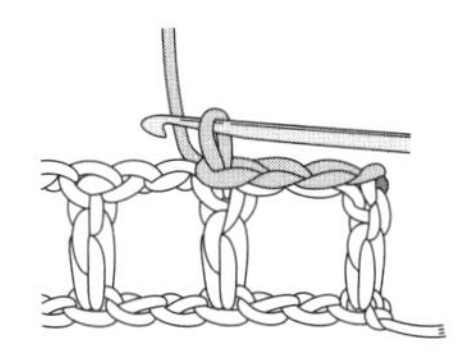

5 1针锁针和3针引拔针完成后，接着立织3针锁针。

6 减少了1格后的状态。另一侧减针时，剩下1格不钩织，继续钩织下一行。

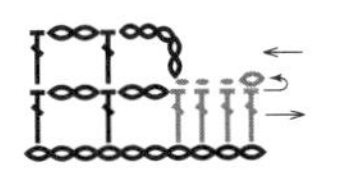

在一行的起点减少1格的方法（长针方格）

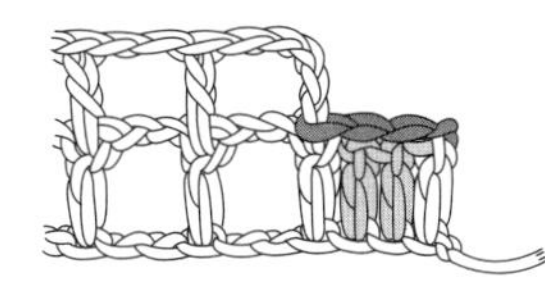

按钩织锁针方格的要领，钩织1针锁针后翻转织物，在每针长针头部的2根线里挑针钩织引拔针。

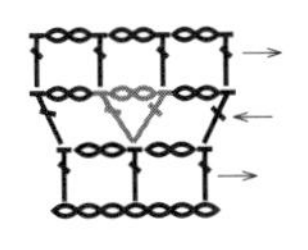

在织物的中心增加1格的方法

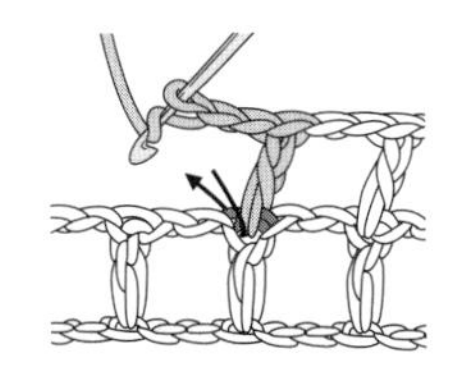

1 在前一行的同一针长针里钩织1格的针数（锁针和长针）。

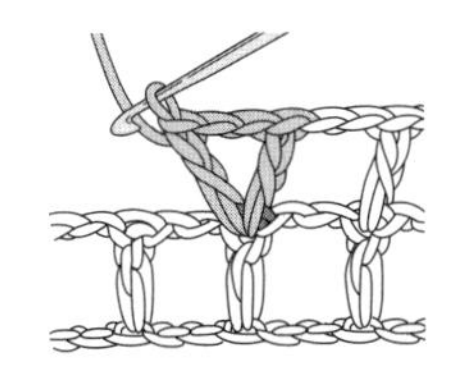

2 完成后增加了1个V字形的格子，织物因此会向左右两边扩展。

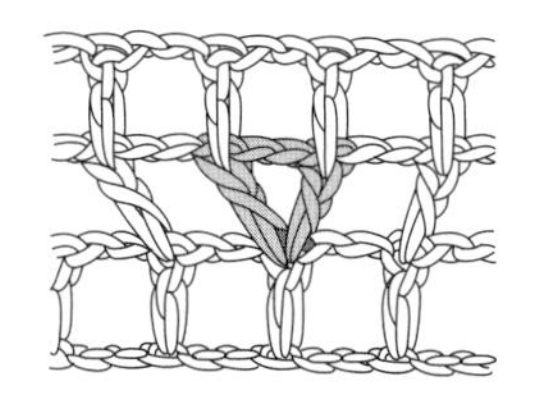

3 下一行就变成了端正的方格。

监修 / 针之会

由蕾丝编织研究者兼作家北尾惠以子在1996年创立。目前正以"蕾丝爱好和研究"为目的，在东京国分寺市开展各项活动。

图书在版编目（CIP）数据

精美的网眼花样和方眼花样蕾丝/日本宝库社编著；蒋幼幼译. —郑州：河南科学技术出版社，2024.4
ISBN 978-7-5725-1490-6

Ⅰ. ①精… Ⅱ. ①日… ②蒋… Ⅲ. ①手工编织-图解 Ⅳ. ①TS935.5-64

中国国家版本馆CIP数据核字（2024）第064941号

出版发行：河南科学技术出版社
地址：郑州市郑东新区祥盛街27号 邮编：450016
电话：（0371）65737028 65788613 65788631
网址：www.hnstp.cn
策划编辑：仝广娜
责任编辑：张 培
责任校对：刘 瑞
封面设计：张 伟
责任印制：徐海东
印 刷：河南新达彩印有限公司
经 销：全国新华书店
开 本：889 mm × 1 194 mm 1/16 印张：6 字数：180千字
版 次：2024年4月第1版 2024年4月第1次印刷
定 价：59.00元